农田杂草
抗药性监测与防控技术

柏连阳　张　帅　刘都才　主编

中国农业出版社

北京

主　编　柏连阳　张　帅　刘都才

副主编　李香菊　郭永旺　李　美　纪明山　秦　萌

　　　　　王立峰　马国兰　崔海兰　潘　浪　马　艳

编写人员（按姓氏笔画排序）

　　　　　马　艳　马国兰　王大川　王云鹏　王凤乐

　　　　　王立峰　王雅丽　王增君　田忠正　任宗杰

　　　　　刘都才　孙慕君　纪明山　李　兰　李　美

　　　　　李卫伟　李永平　李香菊　李祖任　吴向辉

　　　　　闵　红　张　帅　张绍明　陈秋芳　林正平

　　　　　赵　清　柏连阳　姚晓明　秦　萌　栗梅芳

　　　　　郭永旺　崔海兰　彭亚军　谢原利　潘　浪

前言

::::::::::::::::::

农田杂草是一类持续性危害的农业有害生物，影响作物生长，导致作物产量和品质降低，严重威胁我国农业生产可持续发展，多种杂草已被全国 15 个省（自治区、直辖市）的农业农村部门列入二类农作物病虫害名录。据初步统计，我国农田杂草有 1 450 多种，其中达到严重危害程度的 130 余种，年发生面积达 14 亿亩次以上，每年造成粮食损失 1 000 万 t 以上。从 20 世纪 80 年代开始，我国杂草科技工作者开展了卓有成效的系统研究工作，阐明了主要农田杂草的发生危害规律，构建了以化学防除为主体，辅以农业防除、物理防除和生物防除的杂草高效综合控制技术体系。

随着我国农作物栽培制度和种植模式的变更，农田杂草发生危害逐年加重、除草剂使用量不断增加、杂草抗药性演化加剧、除草剂不科学使用对作物造成药害等问题突出，已成为我国农作物持续增产、农产品质量提升、农田生态环境改善的重要瓶颈。目前，我国每年除草剂有效成分使用量达 10 万 t 以上，占农药使用总量的 40% 以上。农田杂草抗药性水平快速上升，防控难度逐年加大。据初步统计，截至 2022 年 12 月 31 日，我国已发现 37 种 62 个杂草生物型对 10 类除草剂产生抗药性。

虽然我国农田杂草研究取得了一定的进展，但是与害虫和病害相比，农田杂草发生危害调查、抗药性监测与综合防控技术研究起步较晚，特别是技术标准化方面相对滞后。目前各高校、科研院所实验室通常采用自有的技术方法，方法不统一，规范推广性差，对农田杂草监测与防控技术的推广影响较大。

为加快农田杂草调查监测与综合防控技术的规范化、标准化，由湖南省农业科学院联合全国农业技术推广服务中心，以及相关教学、科研单位，共同编写完成了《农田杂草抗药性监测与防控技术》。全书共分 4 章，分别为农田杂草发生危害调查、除草剂科学安全使用、抗药性监测、综合防控技术，共列入有关技术方法和行业标准 22 个。本书的出版，将对我国农田杂草发生危害、抗药性监测与治理、综合防治技术的规范化和标准化产生极大的推动作用，为进一步做好科学安全用药和各类作物田杂草高效精准防控，确保农产品质量安全作出应有的贡献。

由于编者水平所限，书中疏漏与不妥之处在所难免，敬请广大读者批评指正。

编　者

2022 年 10 月

目录

□□□□□□□□□□□□□□□□□□

前言

术 语 与 定 义*

杂草 (weed)：指能够在人类试图维持某种植被状态的生境中不断自然延续其种族，并影响到人工植被状态维持的一类植物。

一年生杂草 (annual weed)：当年出苗生长、当年成熟结籽的杂草。

二年生杂草 (biennial weed)：当年出苗生长、第二年成熟结籽的杂草。

多年生杂草 (perennial weed)：当年萌发形成地下营养繁殖器官，越冬时地上部分枯死，但第二年其地下营养繁殖器官重新发出新苗，如此周而复始蔓延扩展的杂草。

恶性杂草 (malignant weed)：在繁殖、成熟、自然落粒、休眠及生长等生物学特性方面有十分广泛的适应性，分布面积广、危害面积大、发生数量众多、难以彻底清除，且在生产上造成严重损失的杂草。

种群 (population)：指占据特定空间、具有潜在交配能力的同一种杂草的个体群。

杂草群落 (weed community)：不同种群杂草生长在一起，并在环境相似的不同地段有规律地重复出现的组合单元。

竞争 (competition)：指在同种或异种的两个或更多个体间，由于它们的需求超过了当时的空间或共同资源的供应状况，从而发生对环境资源和空间的争夺，进而产生的一种生存竞争现象。两个种生态习性越相似，它们的生态需求重叠的就越多，竞争也越剧烈。

密度 (density)：单位面积内某一种杂草的株数。单位面积内所有杂草密度之和为杂草总密度。

频度 (frequency)：某一种杂草出现的田块数占总调查田块数的百分比。

多度 (abundance)：某一种杂草株数占调查各种杂草总株数的百分比。

---

* 术语与定义适用于本书所有规程与技术。——编者注

盖度（coverage）：杂草枝叶所覆盖面积占地表面积的百分比。

优势度（dominance）：表示植物种群在群落中地位重要与否的数值，其中作用最大、地位最重要的即为群落的优势种。群落的优势种一般是群落上层中盖度和密度最大的植物种类。

发生面积（occurrence area）：指通过各类有代表性田块的抽样调查，农田杂草发生程度达到防治指标的面积。

防治面积（protection area）：指各次化学防治和生物防治以及物理防治的累加面积。

植物群落的演替（succession of plant community）：指在生物和非生物因素的影响下，杂草群落内各种群尤其是优势种群的变化，导致杂草群落在结构上发生变异，一个群落被另一个群落所取代的过程。

杂草防控（weed control）：指将杂草对人类生产和经济活动的有害性减低到人们能够承受的范围之内的过程。

杂草综合治理（integrated weed management）：指以预防为主的思想为指导，运用生态学的观点，从生物和环境关系的整体出发，本着安全、有效、经济、简易的原则，因地因时制宜，合理运用农业、生物、生态、化学、物理的方法，把杂草控制在不足以造成危害的水平，以实现优质、高产、高效和保护人畜健康的目的。

农业防治（agricultural control）：指利用农田操作、栽培技术和田间管理等措施，控制和减少农田土壤中杂草种子基数，抑制杂草的成苗和生长以减轻草害，提高农作物产量和降低质量损失的杂草防治方法。

物理防治（physical control）：指用物理性措施或物理性作用力，如机械等，使杂草个体或器官受伤、受抑或致死的杂草防治方法。

生态防治（ecological control）：指在充分研究认识杂草的生物学特性、杂草群落的组成和动态以及"作物—杂草"生态系统特性与作用的基础上，利用生物的、耕作的、栽培的技术或措施等限制杂草的发生、生长和危害，维护和促进作物生长和高产，而对环境安全无害的杂草防治方法。

生物防治（biological control）：指利用不利于杂草生长的生物天敌，如某些昆虫、真菌、细菌、病毒、线虫、食草动物或其他高等植物来控制杂草的发生、生长蔓延和危害的杂草防治方法。

化学防治（chemical control）：指应用化学药物（除草剂）有效治理杂草的防治方法。

杂草的经济阈值（weed economic threshold）：指杂草干扰作物生长至作物成熟所引起的损失值等于除草成本时杂草的群体水平，通常用株/m^2表示。

杂草的生态经济阈值（weed eco-economic threshold）：指杂草干扰作物生长至作物成熟所引起的净损失值等于除草成本时杂草的群体水平。

杂草防治指标（weed control index）：当杂草造成农作物产量损失大于除草成本时的杂草密度。

选择性除草剂（selective herbicide）：指在不同的植物间有选择性，即能够毒害或杀死某些植物，而对另一些植物较安全的除草剂。

灭生性除草剂（sterilant herbicide）：指对植物缺乏选择性或选择性小的除草剂。

传导型除草剂（systemic herbicide）：指被植物茎叶或根部吸收后，能够在植物体内传导并输送到其他部位，甚至遍及整个植株的除草剂。

触杀型除草剂（contact herbicide）：指被植物吸收后，不在植物体内移动或移动较少，主要在接触部位起作用的除草剂。

除草剂残留（herbicide residue）：除草剂使用后在农产品和环境中的活性成分及其在性质和数量上有毒理学意义的代谢（或降解、转化）产物。

除草剂药害（herbicide injury）：除草剂施用后致使当茬作物、邻近作物或后茬作物受害，最终导致作物品质降低、减产或绝产的现象。

敏感生物型（susceptible biotype）：通常情况下杂草种群中能被除草剂有效防除的生物型。

抗药性生物型（resistant biotype）：通常情况下能被除草剂有效防除的杂草种群中能够存活且具有繁殖能力的生物型。

疑似抗药性生物型（suspected resistant biotype）：尚待确认的抗药性生物型。

土壤处理法（pre-emergence application）：将除草活性化合物喷洒于土壤表面进行封闭，混土或不混土处理防除未出土杂草的施药方法。

土壤处理剂（soil treatment herbicide）：指以土壤处理法施用的除草剂，包括播前（移栽前）土壤处理剂和播后苗前土壤处理剂。

茎叶处理法（post-emergence application）：将除草活性化合物喷洒到杂草植株上的施药方法。

茎叶处理剂（foliar treatment herbicide）：指以茎叶处理法施用的除草剂。

位差选择性（location difference selectivity）：利用作物与杂草种子根系在土壤中所处位置的差异以及作物和杂草在地面的分布差异造成的选择性。

时差选择性（time difference selectivity）：利用作物与杂草发芽出土的时期差异造成的选择性。

形态选择性（morphological selectivity）：通过不同种植物形态上的差异，

杀死杂草而不伤害作物的选择性。

生理选择性（physiological selectivity）：通过不同种植物对除草剂的吸收及在体内运转的差异，杀死杂草而不伤害作物的选择性。

生化选择性（biochemical selectivity）：通过在不同种植物体内通过一系列生物化学的差异，杀死杂草而不伤害作物的选择性。

毒力（toxicity）：指除草剂本身对杂草直接作用的性质和程度。

药效（pesticide efficacy）：指除草剂本身的毒力与多种外界因素综合作用的结果。

生长抑制中量〔rate causing 50% growth reduction（GR_{50}）〕：使杂草生物量降低 50%的除草剂剂量。

持效期（duration）：指除草剂施入土壤后能保持其杀草活性的最长时期。

杀草谱（weed control spectrum）：指除草剂的杀草范围。

杂草抗药性（herbicide resistance）：指通常情况下能被一种除草剂有效防除的杂草种群中存在的那些能够存活的杂草生物型所具备的遗传能力。

整株生物测定法（whole-plant bioassay）：通过整株杂草生物量对除草剂系列浓度的反应，建立除草剂剂量与杂草生物量的关系，以杂草生物量受除草剂的抑制程度来评价其对除草剂抗性的方法。

抗性指数〔resistance index（RI）〕：同一除草剂对杂草抗药性种群 GR_{50} 与敏感种群的 GR_{50} 的比值。

除草剂选择压（herbicide selection pressure）：当较长时间使用某一除草剂后，除草剂具有逐渐影响和改变植物种群遗传组成的外界压力，这种压力称为这种除草剂对某种杂草的选择压。

单一抗药性（mono-resistance）：一种杂草只对某种除草剂具有抗药性，对其他除草剂不表现抗药性。

交互抗药性（cross resistance）：一种杂草对相同或相似作用机理的除草剂同时产生抗药性。

多抗性（multiresistance）：一种杂草对不同作用机理的除草剂同时产生的抗药性。

抗药性风险（resistance risk）：有害生物种群产生抗药性及其对农业生产导致不良后果的可能性。

抗药性治理（pesticide resistance management）：为了延缓或阻止杂草对除草剂产生抗药性而采取的措施。

水直播稻（wet direct seeding rice）：土壤经过水整，在浅水层条件下或在湿润状态下直接将稻种播于大田。

旱直播稻（dry direct seeding rice）：土壤经过旱整，在旱田状态下直接将稻种播于大田。

机插水稻（mechanized transplanting rice）：采用插秧机代替人工栽插秧苗的水稻移栽方式。

抗药性杂草（herbicide resistant weeds）：指除草剂的长期使用或不科学使用，导致杂草进化出对除草剂具有一定的抗性。

"一二三"控害技术（"one-two-three" weed management strategy）：指一种坚持早期治理，一个月内完成杂草防控、两种除草剂轮换使用控制抗性、两种以上除草剂协同延缓抗性的抗药性杂草治理技术。

贴牌水培法（water culture method with label cards）：指将杂草幼苗贴在硬纸牌上，用带有甄别剂量除草剂的营养液培养，是一种快速、简单、方便的抗药性杂草鉴定方法。

整株法（whole-plant dose-response experiments）：指在温室内培养杂草，直到 3 叶～4 叶期成为完整植株，是一种经典、精准的抗药性杂草鉴定方法。

多靶标除草剂（multi-target herbicide）：指多种除草剂混配。

靶向差异除草剂（target-different herbicide）：指不同作用靶标的除草剂。

第一章

农田杂草发生危害调查

农田杂草发生危害调查技术

1 调查作物及杂草种类

1.1 调查作物对象及杂草种类

本技术可调查农田发生的所有杂草，但注重监测主要杂草。重点关注的农田主要杂草如下：

水稻田主要杂草：稗属（*Echinochloa*）、千金子（*Leptochloa chinensis*）、水苋属（*Ammannia*）、鸭舌草（*Monochoria vaginalis*）、丁香蓼（*Ludwigia prostrata*）、野慈姑（*Sagittaria trifolia*）、雨久花（*Monochoria korsakowii*）、异型莎草（*Cyperus difformis*）、扁秆蔗草（*Scirpus planiculmis*）。

小麦、油菜田主要杂草：节节麦（*Aegilops tauschii*）、看麦娘属（*Alopecurus*）、雀麦（*Bromus japonicus*）、菵草（*Beckmannia syzigachne*）、硬草（*Sclerochloa dura*）、野燕麦（*Avena fatua*）、多花黑麦草（*Lolium multiflorum*）、播娘蒿（*Descurainia sophia*）、猪殃殃（*Galium aparine*）、荠菜（*Capsella bursa-pastoris*）、藜属（*Chenopodium*）、牛繁缕（*Myosoton aquaticum*）、婆婆纳（*Veronica didyma*）、救荒野豌豆（*Vicia sativa*）。

玉米、大豆、马铃薯、棉花、花生田主要杂草：马唐属（*Digitaria*）、稗属（*Echinochloa*）、牛筋草（*Eleusine indica*）、狗尾草属（*Setaria*）、藜属（*Chenopodium*）、苋属（*Amaranthus*）、鸭跖草（*Commelina communis*）、铁苋菜（*Acalypha australis*）、苘麻（*Abutilon theophrasti*）、香附子（*Cyperus rotundus*）。

1.2 信息记载

将作物种类、杂草名称记载于调查表格相应位置。

2 调查地点

2.1 主要调查地区

在作物主要种植区开展相应的杂草调查。稻田重点调查东北地区、华南地区、西南地区、长江中下游平原；小麦田重点调查黄淮地区、江淮地区；玉米和大豆田重点调查东北地区、黄淮地区、江淮地区；马铃薯田重点调查西北地区、西南地区；油菜田重点调查长江中下游平原、西南地区；棉花田重点调查新疆；花生田重点调查东北地区、黄淮地区。

2.2 信息记载

记载县（市、区）、乡镇（街道）、村或组名称，并记录经纬度。

3 调查时间

3.1 苗期

在作物播种后，杂草2叶～6叶期，调查杂草种类与密度。

3.2 生长期

在作物生长中后期，调查杂草实际危害情况。

4 调查方法

4.1 样方法

苗期采用样方法进行取样调查。

4.1.1 调查设计

每个县（市、区）选择3个有代表性的乡镇（街道），每个乡镇（街道）选择3个自然村，每个自然村调查1个样点，每个样点选择生态条件基本一致的10块样田，进行样方调查。

4.1.2 对角线五点取样法

在每个田块采取对角线五点取样法，调查的样方框统一为 0.25 m² 或 1 m²，即边长为 0.5 m 或 1 m 的正方形框（图 1）。

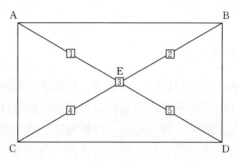

图 1 对角线五点取样法示意

其中 A、B、C 和 D 代表调查田块的 4 个角，E 为对角线交叉点。1、2、3、4、5 代表 5 个取样点。取样点分布如图所示，其中 E 为取样点 3，取样点 1、2、4 和 5 位于 A 到 E、B 到 E、C 到 E 和 D 到 E 的中点。

记载样框内全部杂草的种类及株数，并将其填入田间记载表（附录 A 表 A.1）；计算样点杂草的平均密度、频度和多度，填写调查统计表（附录 A 表 A.2）。

4.2 目测法

生长期调查采用目测法。以田块为样方单位，目测观察杂草的盖度。

4.2.1 调查设计

同 4.1.1。

4.2.2 "三层三级"目测草害调查法

采用"三层三级"目测草害调查法调查杂草群落的危害等级（表 1），填写杂草危害严重度调查表（附录 B 表 B.1）。

表 1 "三层三级"目测草害调查法

危害程度 盖度 层次	Ⅰ级（轻）	Ⅱ级（中）	Ⅲ级（重）
杂草与作物高度相当或高于作物	<10%	10%~20%	>20%
杂草高度占作物高度的 1/2 以上，但不及作物高度	<15%	15%~30%	>30%
杂草高度不及作物高度的 1/2	<20%	20%~40%	>40%

5　统计方法

根据上述取样调查的结果，采用下列方法统计。

密度＝单位面积内某杂草出现的株数（株/m²）

频度＝（某杂草出现的田块数/总调查田块数）×100％

均度＝（某杂草出现的样方数/调查总样方数）×100％

6　预报方法

根据农田杂草群落状况、土壤种子数量、当年除草剂防除效果、耕作栽培制度、轮作方式及气候条件等综合因素分析，预测第二年杂草发生演替趋势。

6.1　出草始期预测

根据各地气温、降雨预报值、土壤墒情及不同杂草的生物学特性，预报当年杂草出草始期的早晚。

6.2　出草高峰期预测

分析杂草出草高峰期与栽培措施、环境温度、湿度、降雨量等参数的关系，预测杂草发生高峰期。

7　调查资料整理

根据当年农田杂草发生与危害情况，整理数据资料，形成农田杂草不同种类调查统计表、危害严重度调查汇总表（附录 C 表 C.1）。

附录 A
田间记载和调查统计

A.1　农田杂草株数田间记载表格

记载样框内全部杂草的种类及株数，并将其填入田间记载表，见表 A.1。

表 A.1　农田杂草田间记载表（对角线五点取样法）

调查地点：_____县（市）_____镇（乡）_____村

经纬度：_____

调查人：_____　调查日期：_____年_____月_____日

作物名称：_____　作物栽培方式：_____　作物生育期：_____

田块序号	取样点号	不同杂草株数（每 0.25 m² 或每 1 m² 的株数）									备注
		杂草 1	杂草 2	杂草 3	杂草 4	杂草 5	杂草 6	杂草 7	杂草 8	……	
1	1										
	2										
	3										
	4										
	5										
2	1										
	2										
	3										
	4										
	5										
3	1										
	2										
	3										
	4										
	5										
…	1										
	2										
	3										
	4										
	5										

A.2 农田杂草不同种类统计汇总表格

计算样点杂草的平均密度、频度和多度，填写调查统计表，见表 A.2。

表 A.2 农田杂草统计调查表

查地点：_____县（市）_____镇（乡）_____村

经纬度：_____

调查人：_____ 调查日期：_____年_____月_____日

作物名称：_____ 作物栽培方式：_____ 作物生育期：_____

杂草名称	平均密度（株/m²）	频度（%）	多度（%）	备注

附录 B
杂草危害严重度调查

B.1 杂草危害严重度调查表格

采用"三层三级目测调查法"调查杂草群落的危害等级，填写杂草危害严重度调查表，见表 B.1。

表 B.1 _____乡（镇）农田杂草危害调查记录表

调查地点：_____县_____乡（镇） 调查人：_____ 调查日期：_____年___月___日

作物名称：_____ 作物栽培方式：_____ 作物生育期：_____

村	调查田块 （定位）	不同危害等级田块数量			备注 （主要杂草种类）
		轻（Ⅰ级）	中（Ⅱ级）	重（Ⅲ级）	
1					
2					

（续）

村	调查田块 （定位）	不同危害等级田块数量			备注 （主要杂草种类）
		轻（Ⅰ级）	中（Ⅱ级）	重（Ⅲ级）	
3					

附录 C
农田杂草不同种类调查及危害严重度调查汇总

C.1 农田杂草不同种类调查统计、危害严重度调查汇总表格

根据当年农田杂草发生与危害情况，整理数据资料，形成农田杂草不同种类调查统计表、危害严重度调查汇总表，见表 C.1。

表 C.1 农田杂草危害调查统计表

调查地点：_____省（县） 调查人：_____ 调查日期：____年____月____日

作物名称：_____ 作物栽培方式：_____ 作物生育期：_____

省（县）	调查田块数	不同危害等级田块比例（%）			备注（主要杂草种类）
		轻（Ⅰ级）	中（Ⅱ级）	重（Ⅲ级）	

第二章

除草剂科学安全使用

除草剂安全使用技术规范　通则*

NY/T 1997—2011

1　范围

本标准规定了除草剂安全使用技术的基本要求。

本标准适用于农业使用除草剂的人员。

2　规范性引用文件

下列文件对于本文件的应用是必不可少的。凡是注日期的引用文件，仅注日期的版本适用于本文件。凡是不注日期的引用文件，其最新版本（包括所有的修改单）适用于本文件。

NY/T 1276　农药安全使用规范 总则

3　除草剂选择

3.1　按照国家政策和有关法规规定选择

应按照国家农药产品登记的作物和防除对象及标签上的规定选择适宜的除

---

* 该规范已公开发布，以发布版本为准。——编者注

草剂产品。使用限用除草剂产品应遵循相关规定。

3.2 根据防治对象选择

根据杂草发生种类和时期选择适宜的除草剂产品。单一杂草种类发生时，应选择对防除对象专一性强的除草剂品种；单、双子叶杂草混合发生时，应选择杀草谱广且对优势杂草种群有效的除草剂。

3.3 根据农作物安全要求选择

应选择对当茬作物及后茬作物安全的除草剂产品。

3.4 根据生态环境安全要求选择

应选择残留危害小、对地下水源及土壤等无污染的环境友好除草剂产品。

4 除草剂的配制

4.1 准确称量

准确核定施药面积，根据农药标签推荐的除草剂使用剂量计算除草剂用量。用专用量具准确量取。

4.2 配制方法

4.2.1 应根据除草剂剂型，按照农药标签推荐的方法配制除草剂。

4.2.2 应根据不同处理方法、施药器械确定喷液量。

4.2.3 应选择清水配制除草剂，不应用配制除草剂的器具直接取水，药液不应超过额定容量。

4.2.4 应采用"二次稀释法"进行操作：
   a) 用水稀释的除草剂：先用少量水将除草剂制剂稀释成"母液"，然后再将"母液"进一步稀释至所需要的浓度；
   b) 用固体载体稀释的除草剂：应先用少量稀释载体（细土、细沙、固体肥料等）将除草剂制剂均匀稀释成"母粉"，然后再进一步稀释至所需要的用量。

4.2.5 应现用现配，短时存放时，应密封并安排专人保管。配制现混现用的除草剂，应按照农药标签上的规定进行操作。

4.3　安全操作

4.3.1　量取和称量除草剂时，应在避风处操作。所有称量器具在使用后都要清洗，冲洗后的废液应在远离居所、水源和作物的地点妥善处理。用于量取除草剂的器皿不得作其他用途。

4.3.2　除草剂在使用前应始终保存在其原包装中。在量取除草剂后，封闭原除草剂包装并将其安全贮存。

4.3.3　配制除草剂时，应远离水源、居所、养殖场等场所。

5　除草剂的施用

5.1　施药器械

5.1.1　施药器械选择

5.1.1.1　应选择正规厂家生产、通过"3C"认证的施药器械。应选用扇形雾喷头，不宜使用空心圆锥喷头。

5.1.1.2　应综合考虑防治规模、防治时间、防治场所等情况选择施药器械。

5.1.1.3　在周围已种植对喷施除草剂敏感作物的田块，喷施除草剂时宜使用防风喷头，并加装防风罩。

5.1.2　施药器械检查与校准

5.1.2.1　在施药作业前，应检查施药器械的压力部件和控制部件，保证喷雾器（机）截止阀正常，药液箱盖进气孔通畅，喷头无堵塞，各接口无滴漏。

5.1.2.2　在施药作业前，应对喷雾机具进行校准，校准因子包括行走速度、喷幅以及喷头药液流量和压力。校准方法如下：

　　a）喷雾器先装上水，加压并保持所需压力，喷雾 0.5 min 后，将容器置于喷头下开始计时，喷雾 1 min，测量从喷头喷出的水量，如此重复 4 次，计算其平均值，测定每分钟喷头的药液流量。

　　b）根据土壤或茎叶处理确定 1 hm² 施药量。使用扇形喷头，距地面 50 cm，将喷雾器加压到所需的压力，喷雾 0.5 min，测定喷雾器的有效喷幅（m）；按式（1）计算行走速度：

$$V = \frac{Q}{qB} \times 10^4 \qquad (1)$$

式中：

V ——行走速度，单位为米每分钟（m/min）；

Q——喷嘴流量，单位为升每分钟（L/min）；

q——喷药液量，单位为升每公顷（L/hm²）；

B——有效喷幅，单位为米（m）。

5.1.3 施药器械的维护

5.1.3.1 施药作业结束后，应用清水或碱性洗液彻底清洗存留在喷雾器药箱、喷杆及喷头的除草剂残药。

5.1.3.2 存放前，应对喷雾器械进行保养。然后放于通风干燥处，避免露天存放或与其他农药，酸、碱等腐蚀性物质存放在一起。切勿靠近火源。

5.2 施药条件

5.2.1 气候因素

5.2.1.1 喷施除草剂应选择晴好天气进行，不应在雨天喷施除草剂。

5.2.1.2 应避免在极端低温或高温等影响除草剂发挥药效的条件下施药。

5.2.1.3 风速大于二级时不适宜喷施除草剂。

5.2.2 土壤因素

5.2.2.1 喷施土壤处理除草剂时，宜在地块平整、墒情适宜的条件下进行。

5.2.2.2 在沙性土壤不宜使用淋溶性较强的除草剂。

5.3 施药时期

5.3.1 种植前施药

在作物播种或移栽前，喷施土壤处理除草剂进行土壤封闭，或使用茎叶处理剂防除已出苗的杂草。

5.3.2 播后苗前施药

在作物播种后出苗前，喷施土壤处理除草剂进行土壤封闭，或使用茎叶处理剂防除已出苗的杂草。

5.3.3 苗后施药

作物出苗或移栽后，使用茎叶处理剂防除已出苗的杂草，或使用土壤处理除草剂防除尚未出苗的杂草。非选择性除草剂应采用行间定向保护性喷雾。

5.4 施药方法

施药方法包括喷雾法、撒施法、瓶甩法和滴施法等，施药时应保证精确称量药剂，准确配制药液，并均匀施药。

5.5　安全防护

5.5.1　人员

配制和施用除草剂人员应身体健康，具备一定的化学除草知识。儿童、老人、体弱多病者和经期、孕期、哺乳期妇女不应配制和施用除草剂。

5.5.2　防护

配制和施用除草剂时，应穿戴必要的防护用品，避免用手直接接触除草剂。具体防护措施按照 NY/T 1276 执行。

6　杂草抗药性治理

6.1　杂草抗药性监测

在除草剂应用过程中，应对杂草抗药性进行监测。除草剂对田间杂草药效降低时，应分析原因，判断杂草是否产生抗药性。

6.2　杂草抗药性检测

6.2.1　采集种子

应在相同生境采集"敏感生物型"和"疑似抗药性生物型"杂草种子，并且在绝大多数种子成熟时采集，禾本科杂草最好的采集时间是 20% 的种子已脱落的时候；采集范围应不少于 667 m^2；所采集的杂草种子量应不少于 2 000粒，并记录杂草种子的相关采集信息。

6.2.2　生物测定

生物测定方法采用整株测定法，药剂处理剂量至少 6 个水平，以杂草鲜重为指标，求出剂量反应方程，计算抑制抗药性杂草 50% 生长的剂量（GR_{50}）和抑制敏感型杂草 50% 生长的剂量（GR_{50}），按式（2）计算出抗药性指数：

$$RI = \frac{R_{GR_{50}}}{S_{GR_{50}}} \qquad (2)$$

式中：

RI ——抗药性指数；

$R_{GR_{50}}$——抗性种群生长抑制中量，单位为克有效成分每公顷（g a.i. /hm^2）；

$S_{GR_{50}}$——敏感种群生长抑制中量，单位为克有效成分每公顷（g a.i. /hm^2）。

6.3 抗药性杂草的治理

6.3.1 作物轮作

应建立科学合理的作物轮作系统，种植不同作物，避免由于连作而长期使用作用机制相同的除草剂。

6.3.2 栽培控草

采用有利于作物竞争的栽培模式，控制杂草危害。

6.3.3 交替轮换用药

交替轮换使用作用机制不同的除草剂，在一个作物生育季节，严格限制作用机制相同的除草剂的使用次数。

6.3.4 除草剂混用

采用作用机制不同的除草剂混用，避免混用有交互抗性的除草剂品种。

6.3.5 防止扩散

一旦确认抗药性杂草，应在种子成熟前拔除抗药性杂草植株，以避免其种子落入土壤继续扩散；并应采取各种有效防除措施，以减少抗药性杂草种子传入其他地块或区域。

6.3.6 科学治理

应采取多种有效防除措施治理抗药性杂草。

7 除草剂药害的预防

7.1 当茬作物药害预防

7.1.1 严格掌握除草剂对不同作物、品种及生育期的敏感性。首次使用的除草剂品种以及与其他物质的混用，应经过试验后方可使用，避免除草剂误用造成作物药害。

7.1.2 应准确称量除草剂药量，特别是活性高、安全范围窄的除草剂品种，应严格按照除草剂标签推荐用量使用，不应随意加大除草剂用量，避免除草剂超量使用造成作物药害。

7.1.3 应均匀喷施除草剂，不应重复喷施，避免除草剂超量使用造成作物药害。

7.1.4 施药区域周边种植有对拟使用除草剂较敏感的作物时，应通过压低喷头、加装防风罩、选择无风时节用药等措施，避免除草剂对邻近作物造成飘移药害。不应在种植有敏感作物的农田附近喷施挥发性较强，具有潜在飘移药害风险的除草剂品种。

7.1.5 施用灭生性除草剂时应避免喷施到作物，行间施药时应加装防护罩；非耕地施药时，应远离农田、水塘，防止雾滴飘移和降雨形成的地表径流造成邻近作物药害。

7.1.6 除草剂喷施器械应专用，清洗喷雾器具的残液应妥善处理，避免因污染灌溉沟渠和水塘等水源而造成除草剂药害。

7.1.7 不应随意丢弃除草剂废弃包装物，应集中焚毁或掩埋，避免因污染灌溉沟渠和水塘等水源而造成除草剂药害。

7.2　后茬作物药害预防

7.2.1 轮作倒茬时，应掌握上茬作物除草剂使用情况，避免种植对上茬所用除草剂敏感的作物品种。

7.2.2 应使用易降解、残效期短的除草剂，不应使用在农田土壤中残效期长的除草剂品种，避免农田土壤中残留的除草剂造成后茬作物药害。

第三章

抗 药 性 监 测

NONGTIAN ZACAO KANGYAOXING JIANCE YU FANGKONG JISHU

水稻田禾本科杂草抗药性监测技术

1 试剂与材料

除非另有说明，所用试剂均为分析纯。实验室用水符合 GB/T 6682 规定的二级水要求。

1.1 丙酮（CH_3COCH_3，CAS 号：67-64-1）。

1.2 二甲基甲酰胺［$HCON(CH_3)_2$，CAS 号：68-12-2］。

1.3 二甲基亚砜（C_2H_6OS，CAS 号：67-68-5）。

1.4 吐温-80［$C_{24}H_{44}O_6(C_2H_4O)_n$，CAS 号：9005-65-6］。

1.5 除草剂原药或制剂。

1.6 0.1%吐温-80 水溶液：取 1 g 吐温-80（1.4）加入约 950 mL 水中，用水稀释至 1 000 mL，混匀。

1.7 除草剂原药母液：取适量除草剂原药（1.5），水溶性药剂用水溶解，非水溶性药剂用丙酮（1.1）、二甲基甲酰胺（1.2）或二甲基亚砜（1.3）等溶解，混匀；吐温-80（1.4）加入约 950 mL 水中，用水稀释至 1 000 mL，混匀。

1.8 除草剂梯度稀释液：取适量除草剂原药母液（1.7），用 0.1%吐温-80 水溶液（1.6）逐级稀释为梯度稀释液；若为制剂，可取适量除草剂制剂（1.5），用水溶解再逐级稀释为梯度稀释液。

2　仪器设备

2.1　电子天平：感量为 0.001 g。

2.2　移液管或移液器：量程为 100 μL、200 μL、1 000 μL、5 000 μL。

2.3　容量瓶：容量为 10 mL、25 mL、50 mL、100 mL、200 mL。

2.4　可控定量喷雾设备。

2.5　人工气候室、温室。

3　试样

3.1　监测对象

稗（*Echinochloa crus-galli*）、千金子（*Leptochloa chinensis*）。

3.2　样品采集与保存

3.2.1　在杂草抗药性监测区域设立采样点，每个采样点采集 5 块稻田，每块稻田用倒置"W"九点取样方法，采集成熟的禾本科杂草种子。

3.2.2　采集杂草种子，每个采样点需要采集杂草 30 株以上，以保证每种禾本科杂草种子量不少于 2 000 粒。将种子混合，记录采集信息（附录 A）。将采集的种子晾干，置于阴凉干燥处备用。

4　试验步骤

4.1　试材准备

4.1.1　种子预发芽

取 100 粒 3.2.2 的杂草种子，进行预发芽试验，种子发芽率大于 80％ 时方可用于抗药性监测试验。发芽率较低时，可采用物理或化学方法处理，提高其发芽率。

4.1.2　试材培养

配制无其他除草剂和其他杂草种子的营养土，装于直径不小于 10 cm 的培养钵，将待测种子均匀撒播在土壤表面，依据种子粒径大小，覆土 0.3 cm～0.5 cm。采用盆钵底部渗灌方式补充水分，置于 25 ℃∶20 ℃（L∶D），光周期 12 h∶12 h（L∶D），相对湿度 60％～70％ 条件下的人工气候室或可控温室内培养。

与抗性监测的杂草种群同时播种经试验证实为对待测除草剂敏感的杂草种群，在相同条件下进行培养。

4.2 药剂处理

4.2.1 单剂量甄别法

选择的除草剂梯度稀释液（1.8）中除草剂剂量为敏感种群的最低致死剂量，按药剂特性选择土壤喷雾处理或茎叶喷雾处理。如为土壤处理法，供试禾本科杂草播种后 24 h 进行土壤喷雾处理，其他参照 NY/T 1155.3；如为茎叶处理法，供试禾本科杂草长至 2 叶期，每盆保留 15 株～20 株长势一致的禾本科杂草植株，继续培养至 2 叶～4 叶期时喷药处理，其他参照 NY/T 1155.4。设不含除草剂（含有助剂）的处理作空白对照。每处理不少于 4 次重复。处理后按照 4.1.2 的培养条件继续培养。

4.2.2 剂量曲线法

除草剂喷雾处理需在喷雾压力和喷雾速度稳定的喷雾设施内进行，标定喷雾塔或喷雾器械工作参数（喷雾压力和喷雾速度）；并按照试验设计从低剂量到高剂量（5 个～7 个剂量水平）的顺序，使用除草剂梯度稀释液（1.8）进行土壤喷雾处理或茎叶喷雾处理，喷液量为 300 L/hm² ～450 L/hm²，处理和培养方法参照 4.2.1。

4.3 结果调查

4.3.1 目测法

单剂量甄别法采用目测法调查，根据除草剂处理方式和特性，在处理后 7 d～28 d 进行目测。观察除草剂处理后杂草受害的症状，以空白对照处理为参照，比较除草剂处理的杂草防效。参照 GB/T 17980.40—2000 杂草防效的目测法标准（表 1），记录除草剂对供试杂草的效果，以防效百分数（％）表示。1 级～4 级的为敏感种群；5 级～9 级的为疑似抗药性种群，进行剂量曲线试验。

表 1 杂草防效的目测法标准

等级	杂草生长情况	防效（％）
1 级	无草	100
2 级	相当于空白对照杂草的 0.1％～2.5％	97.5～99.9

（续）

等级	杂草生长情况	防效（%）
3 级	相当于空白对照杂草的 2.6%～5.0%	95.0～97.4
4 级	相当于空白对照杂草的 5.1%～10.0%	90.0～94.9
5 级	相当于空白对照杂草的 10.1%～15.0%	85.0～89.9
6 级	相当于空白对照杂草的 15.1%～25.0%	75.0～84.9
7 级	相当于空白对照杂草的 25.1%～35.0%	65.0～74.9
8 级	相当于空白对照杂草的 35.1%～67.5%	32.5～64.9
9 级	相当于空白对照杂草的 67.6%～100%	0～32.4

4.3.2 数测法

剂量曲线法采用数测法调查。土壤处理后 21 d～28 d，或茎叶处理后 21 d～28 d，剪取植株地上部分，称量鲜重，统计重量抑制率，计算毒力回归方程及 GR_{50}。

5 数据统计与分析

5.1 防治效果的计算

目测法直接得出除草剂对杂草的防效；数测法以杂草抑制率表示，通过与空白对照比较，计算各处理对杂草重量抑制率。按公式（1）计算防治效果。

$$CE = \frac{X_0 - X_1}{X_0} \times 100 \qquad (1)$$

式中：

CE ——杂草重量抑制率的数值，单位为百分号（%）；

X_0 ——空白对照处理杂草鲜重的数值，单位为克（g）；

X_1 ——除草剂处理杂草鲜重的数值，单位为克（g）。

计算结果均保留 2 位小数。

5.2 剂量曲线法

采用概率值分析的方法对数据进行处理。可用 SAS、POLO-Plus、DPS 等软件进行统计分析，求出每种供试除草剂的 GR_{50} 及其 95% 置信限、斜率（b）及其标准误差等（附录 B）。

5.3 抗药性水平的计算

根据杂草对除草剂的敏感基线和测试种群的 GR_{50}，按公式（2）计算测试种群的抗性指数。

$$RI = \frac{R_{GR_{50}}}{S_{GR_{50}}} \qquad (2)$$

式中：

RI ——抗性指数；

$R_{GR_{50}}$——抗性种群生长抑制中量的数值，单位为克有效成分每公顷（g a. i. /hm²）；

$S_{GR_{50}}$——敏感种群生长抑制中量的数值，单位为克有效成分每公顷（g a. i. /hm²）。

计算结果均保留 2 位小数。

6 抗药性水平评估

6.1 水稻田禾本科杂草对部分除草剂的敏感基线

参见附录 C。

6.2 抗药性分级标准

根据抗性指数的计算结果，按照杂草抗药性水平的分级标准（表 2），对测试种群的抗药性水平做出评估。

表 2 杂草抗药性水平的分级标准

抗药性水平分级	抗性指数（倍）
低水平抗性	$1.0 < RI \leqslant 3.0$
中等水平抗性	$3.0 < RI \leqslant 10.0$
高水平抗性	$RI > 10.0$

附录A
杂草种子采集信息登记表

杂草种子采集信息登记表见表 A.1。

表 A.1 杂草种子采集信息登记表

样品编号			采集人		
采集时间	_____年___月___日		经纬度	E:_____	
				N:_____	
具体地点	_____省_____市（县）_____乡_____村_____组				
播种方式	1. 机械条播 2. 机械撒播 3. 人工撒播 4. 其他（ ）				
近5年除草剂使用情况	年份				
	除草剂使用品种				

附录 B
抗性种群和敏感种群的 GR_{50} 计算公式

按式（B.1）计算抗性种群和敏感种群的 GR_{50}。

$$Y_1 = C - \frac{D-C}{1-(X_1/GR_{50})^b} \qquad \text{(B.1)}$$

式中：

Y_1 ——在除草剂处理下杂草地上部分鲜重与对照鲜重的百分比，单位为百分号（%）；

C ——Y 值下限，单位为百分号（%）；

D ——Y 值上限，单位为百分号（%）；

X_1 ——除草剂剂量的数值，单位为克有效成分每公顷（g a.i./hm²）；

GR_{50} ——生长抑制中量的数值，单位为克有效成分每公顷（g a.i./hm²）；

b ——斜率。

也可按式（B.2）计算抗性种群和敏感种群的 GR_{50}。

$$Y_2 = a + bX_2 \qquad \text{(B.2)}$$

式中：

Y_2 ——杂草抑制率，单位为百分号（%）；

a ——截距；

b ——斜率；

X_2 ——除草剂剂量（单位为克有效成分每公顷，g a.i./hm²）的对数。

附录 C
水稻田禾本科杂草对部分除草剂敏感基线参考值

从湖南省农业科学院春华镇龙王庙基地一块从未施用过除草剂的稻田采集杂草，在网室内不接触任何药剂的情况下让其繁殖，连续繁殖至今，得到敏感品系，已建立的敏感基线见表 C.1。

表 C.1 水稻田禾本科杂草对部分除草剂敏感基线参考值

杂草种类	药剂	茎叶处理法		土壤处理法	
		Slope±SE	GR_{50} （95%置信限）（g a.i./hm²)	Slope±SE	GR_{50} （95%置信限）（g a.i./hm²)
稗	二氯喹啉酸	2.025±0.120 4	68.57 (59.69～78.78)		
	五氟磺草胺	1.825 9±0.270 7	1.50 (0.77～2.92)		
	氰氟草酯	2.849 6±0.313 0	29.91 (25.01～35.76)		
	噁唑酰草胺	1.312±0.165 7	7.59 (5.0～11.52)		
	嘧啶噁草醚	1.583 8±0.101 9	5.99 (5.24～6.85)		
	双草醚	1.600 7±0.253 9	2.97 (1.42～6.19)		
	丁草胺			1.009 4±0.021 1	30.30 (29.35～31.28)
	乙草胺			2.562 5±0.766 4	17.54 (10.07～30.55)
	异丙甲草胺			2.505 8±0.879 5	25.15 (11.37～55.62)
	苯噻酰草胺			2.730 1±0.672 2	43.59 (19.52～97.35)
	噁草酮			1.201 2±0.191 2	5.70 (2.14～15.19)
千金子	氰氟草酯	4.043 6±1.124 9	11.86 (5.52～25.48)		
	噁唑酰草胺	8.558 8±1.576 4	28.21 (19.90～39.97)		

注：slope 为斜率；SE 为标准误。

水稻田阔叶杂草抗药性监测技术

1　试剂与材料

除非另有说明，所用试剂均为分析纯。实验室用水符合 GB/T 6682 规定的二级水要求。

1.1　丙酮（CH_3COCH_3，CAS 号：67-64-1）。

1.2　二甲基甲酰胺［$HCON(CH_3)_2$，CAS 号：68-12-2］。

1.3　二甲基亚砜（C_2H_6OS，CAS 号：67-68-5）。

1.4　吐温-80［$C_{24}H_{44}O_6(C_2H_4O)_n$，CAS 号：9005-65-6］。

1.5　除草剂原药或制剂。

1.6　0.1%吐温-80 水溶液：取 1 g 吐温-80（1.4）加入约 950 mL 水中，用水稀释至 1 000 mL，混匀。

1.7　除草剂原药母液：取适量除草剂原药（1.5），水溶性药剂用水溶解，非水溶性药剂用丙酮（1.1）、二甲基甲酰胺（1.2）或二甲基亚砜（1.3）等溶解，用 0.1%吐温-80 水溶液（1.6）定容至 100 mL，混匀。

1.8　除草剂梯度稀释液：取适量除草剂原药母液（1.7），用 0.1%吐温-80 水溶液（1.6）逐级稀释为梯度稀释液；若为制剂，可取适量除草剂制剂（1.5），用水溶解再逐级稀释为梯度稀释液。

2　仪器设备

2.1　电子天平：感量为 0.001 g、0.01 g。

2.2　移液管或移液器：量程为 100 μL、200 μL、1 000 μL、5 000 μL。

2.3　容量瓶：容量为 100 mL、1 000 mL 等。

2.4　量筒、量杯等玻璃仪器。

2.5　具有扇形喷头及控压装置的喷雾塔或其他喷雾器械。

2.6　培养箱、人工气候箱（室）或温度可控温室。

3　试样

3.1　监测对象

鸭舌草（*Monochoria vaginalis*）、雨久花（*Monochoria korsakowii*）、野

慈姑（*Sagittaria trifolia*）、丁香蓼（*Ludwigia prostrata*）、水苋菜（*Ammannia baccifera*）等。

3.2　样品采集与保存

3.2.1　在杂草抗药性监测区域设立采样点，每个采样点采集5块稻田，每块稻田用倒置"W"九点取样方法，采集成熟的阔叶杂草种子或球茎。

3.2.2　采集杂草种子或球茎。种子采集：每个采样点需要采集杂草30株以上，以保证每种阔叶杂草种子量不少于2 000粒，将种子混合晾干后置于阴凉干燥处备用。球茎采集：每个采样点采集球茎500个以上，混合后置于4 ℃冰箱中保存。记录采集信息（附录A）。

4　试验步骤

4.1　试材准备

4.1.1　种子预发芽

取3.2.2的100粒杂草种子或30个球茎，进行预发芽试验，种子或球茎发芽率大于80％时方可用于抗药性监测试验。发芽率较低时，可采用物理或化学方法处理，提高其发芽率。

4.1.2　试材培养

配制无其他除草剂和其他杂草种子的营养土，装于直径不小于10 cm的培养钵，将待测种子或球茎均匀撒播在土壤表面，依据种子粒径大小，覆土0.1 cm～0.5 cm。采用培养钵底部渗灌方式补充水分，置于25 ℃（12 h）和20 ℃（12 h），光照强度不小于30 000 lx（白天），光周期12 h∶12 h，相对湿度60％～70％条件下的培养箱、人工气候箱（室）或温度可控温室内培养。

与抗性监测的杂草种群同时播种经试验证实为对待测除草剂敏感的杂草种群，在相同条件下进行培养。

每个培养钵播种20粒～50粒杂草种子或10个～15个球茎。

4.2　药剂处理

4.2.1　单剂量甄别法

选择的除草剂梯度稀释液（1.8）中除草剂剂量为敏感种群的最低致死剂量，按药剂特性选择土壤喷雾处理或茎叶喷雾处理。如为土壤处理法，供试阔叶杂草播种后24 h进行土壤喷雾处理，其他参照NY/T 1155.3；如为茎叶处理法，供试阔叶杂草长至 2 叶期，每盆保留 15 株～20 株长势一致的阔叶杂草植株，继续培养至 2 叶～4 叶期时喷药处理，其他参照 NY/T 1155.4。设不含除草剂（含有助剂）的处理作空白对照。每处理不少于 4 次重复。处理后按照 4.1.2 的培养条件继续培养。

4.2.2 剂量曲线法

除草剂喷雾处理需在喷雾压力和喷雾速度稳定的喷雾设施内进行，标定喷雾塔或喷雾器械工作参数（喷雾压力和喷雾速度）；并按照试验设计从低剂量到高剂量（5 个～7 个剂量水平）的顺序，使用除草剂梯度稀释液（1.8）进行土壤喷雾处理或茎叶喷雾处理，喷液量为 300 L/hm²～450 L/hm²，处理和培养方法参照 4.2.1。

4.3 结果调查

4.3.1 目测法

单剂量甄别法采用目测法调查。根据除草剂处理方式和特性，在处理后 7 d～28 d 进行目测。观察记录除草剂处理后杂草受害的症状，以空白对照处理为参照，比较除草剂处理的杂草防效。参照 GB/T 17980.40—2000 杂草防效的目测法标准（表 1），记录除草剂对供试杂草的效果，以防效百分数（%）表示。1 级～4 级的为敏感种群；5 级～9 级的为疑似抗药性种群，进行剂量曲线试验。

表 1 杂草防效的目测法标准

等 级	杂草生长情况	防效（%）
1 级	无草	100
2 级	相当于空白对照杂草的 0.1%～2.5%	97.5～99.9
3 级	相当于空白对照杂草的 2.6%～5.0%	95.0～97.4
4 级	相当于空白对照杂草的 5.1%～10.0%	90.0～94.9
5 级	相当于空白对照杂草的 10.1%～15.0%	85.0～89.9
6 级	相当于空白对照杂草的 15.1%～25.0%	75.0～84.9
7 级	相当于空白对照杂草的 25.1%～35.0%	65.0～74.9
8 级	相当于空白对照杂草的 35.1%～67.5%	32.5～64.9
9 级	相当于空白对照杂草的 67.6%～100%	0～32.4

4.3.2 数测法

剂量曲线法采用数测法调查。土壤处理后 21 d～28 d，或茎叶处理后 7 d～

28 d，剪取植株地上部分，称量鲜重，统计重量抑制率，计算毒力回归方程及 GR_{50}。

5 数据统计与分析

5.1 防治效果的计算

目测法直接得出除草剂对杂草的防效；数测法以杂草抑制率表示，通过与空白对照比较，计算各处理对杂草重量抑制率。按公式（1）计算防治效果。

$$CE = \frac{X_0 - X_1}{X_0} \times 100 \tag{1}$$

式中：

CE ——杂草重量抑制率的数值，单位为百分号（％）；

X_0 ——空白对照处理杂草鲜重的数值，单位为克（g）；

X_1 ——除草剂处理杂草鲜重的数值，单位为克（g）。

计算结果均保留 2 位小数。

5.2 剂量曲线法

采用概率值分析的方法对数据进行处理。可用 SAS、POLO-Plus、DPS 等软件进行统计分析，求出每种供试除草剂的 GR_{50} 及其 95％ 置信限、斜率（b）及其标准误差等（附录 B）。

5.3 抗药性水平的计算

根据杂草对除草剂的敏感基线和测试种群的 GR_{50}，按公式（2）计算测试种群的抗性指数。

$$RI = \frac{R_{GR_{50}}}{S_{GR_{50}}} \tag{2}$$

式中：

RI ——抗性指数；

$R_{GR_{50}}$ ——抗性种群生长抑制中量的数值，单位为克有效成分每公顷（g a. i. /hm^2）；

$S_{GR_{50}}$ ——敏感种群生长抑制中量的数值，单位为克有效成分每公顷（g a. i. /hm^2）。

计算结果均保留 2 位小数。

6 抗药性水平评估

6.1 水稻田阔叶杂草对部分除草剂的敏感基线

参见附录 C。

6.2 抗药性分级标准

根据抗性指数的计算结果，按照杂草抗药性水平的分级标准（表 2），对测试种群的抗药性水平做出评估。

表 2 杂草抗药性水平的分级标准

抗药性水平分级	抗性指数（倍）
低水平抗性	$1.0 < RI \leqslant 3.0$
中等水平抗性	$3.0 < RI \leqslant 10.0$
高水平抗性	$RI > 10.0$

附录 A
杂草种子采集信息登记表

杂草种子采集信息登记表见表 A.1。

表 A.1　杂草种子采集信息登记表

采样单位：　　　　　　　　　　　　　　　　　采样人：＿＿＿＿＿＿

样品编号：　　　　　　　　　　　　　　　　　采样日期：＿＿＿＿年＿＿月＿＿日

采样点详细地址	＿＿＿＿省＿＿＿＿县＿＿＿＿乡＿＿＿＿村 农户姓名：＿＿＿＿电话：＿＿＿＿＿＿
杂草名称	
GPS 定位	经度：＿＿＿＿＿＿＿，纬度：＿＿＿＿＿＿＿
种植模式	上茬作物名称：＿＿＿＿＿＿＿；种植方式：＿＿＿＿，轮作模式：＿＿＿＿
除草剂使用背景	除草剂使用情况： 近 5 年使用：＿＿＿＿＿＿＿，用量：＿＿＿g a.i./hm²，＿＿＿次/年； 近 10 年使用：＿＿＿＿＿＿＿，用量：＿＿＿g a.i./hm²，＿＿＿次/年
除草剂药效	目前使用除草剂的效果（打√）：好；一般；差

附录 B
抗性种群和敏感种群的 *GR*₅₀ 计算公式

按式（B.1）计算抗性种群和敏感种群的 GR_{50}。

$$Y_1 = C - \frac{D-C}{1-(X_1/GR_{50})^b} \qquad (B.1)$$

式中：

Y_1 ——在除草剂处理下杂草地上部分鲜重与对照鲜重的百分比，单位为百分号（%）；

C ——Y 值下限，单位为百分号（%）；

D ——Y 值上限，单位为百分号（%）；

X_1 ——除草剂剂量的数值，单位为克有效成分每公顷（g a. i. /hm²）；

GR_{50}——生长抑制中量的数值，单位为克有效成分每公顷（g a. i. /hm²）；

b ——斜率。

也可按式（B.2）计算抗性种群和敏感种群的 GR_{50}。

$$Y_2 = a + bX_2 \qquad (B.2)$$

式中：

Y_2 ——杂草抑制率，单位为百分号（%）；

a ——截距；

b ——斜率；

X_2 ——除草剂剂量（单位为克有效成分每公顷，g a. i. /hm²）的对数。

附录 C
水稻田阔叶杂草对部分除草剂敏感基线参考值

水稻田阔叶杂草对部分除草剂敏感基线参考值见表 C.1。

表 C.1　水稻田阔叶杂草对部分除草剂敏感基线参考值

杂草种类	药剂品种	$GR_{50}\pm$SE（g a.i./hm²）
鸭舌草	嘧苯胺磺隆	8.41±0.30
	丙草胺	55.12±0.07
	噁草酮	55.61±0.25
	苯噻酰草胺	94.82±0.15
	五氟磺草胺	0.74±0.06
	氯氟吡氧乙酸	107.67±0.38
	甲基磺草酮	24.37±0.22
	双环磺草酮	18.51±0.06
	苄嘧磺隆	3.32±0.26
	双唑草腈	6.24±0.10
	吡嘧磺隆	2.24±0.11
	氯氟吡啶酯	0.72±0.06
野慈姑	苄嘧磺隆	5.12±0.63
	吡嘧磺隆	1.19±0.34
	氯氟吡啶酯	1.023±0.61
	五氟磺草胺	4.32±0.53
	双草醚	2.46±0.24
	咪唑乙烟酸	2.47±0.33
	乙氧磺隆	1.37±0.51
雨久花	苄嘧磺隆	2.23±0.25
	吡嘧磺隆	1.42±0.11
	氯氟吡啶酯	0.99±0.08

注：SE 为标准误。

稻田莎草科杂草抗药性监测技术规程 *

NY/T 3852—2021

1 范围

本文件规定了稻田莎草科杂草（Cyperaceae weeds）抗药性监测的基本方法。

本文件适用于稻田莎草科杂草对除草剂的抗药性监测。

2 规范性引用文件

下列文件中的内容通过文中的规范性引用而构成本文件必不可少的条款。其中，注日期的引用文件，仅该日期对应的版本适用于本文件；不注日期的引用文件，其最新版本（包括所有的修改单）适用于本文件。

GB/T 17980.40—2000 农药 田间药效试验准则（一） 除草剂防治水稻田杂草

NY/T 1155.3 农药室内生物测定试验准则 除草剂 第3部分：活性测定试验 土壤喷雾法

NY/T 1155.4 农药室内生物测定试验准则 除草剂 第4部分：活性测定试验 茎叶喷雾法

NY/T 1667.3 农药登记管理术语 第3部分：农药药效

3 试剂与材料

除非另有说明，所用试剂均为分析纯。实验室用水符合 GB/T 6682 规定的二级水要求。

3.1 丙酮（CH_3COCH_3，CAS号：67-64-1）。

3.2 二甲基甲酰胺 ［$HCON(CH_3)_2$，CAS号：68-12-2］。

3.3 二甲基亚砜（C_2H_6OS，CAS号：67-68-5）。

---

* 该规程已公开发布，以发布版本为准。——编者注

3.4 吐温-80 [$C_{24}H_{44}O_6$（C_2H_4O）$_n$，CAS 号：9005-65-6]。

3.5 除草剂原药或制剂。

3.6 0.1％吐温-80 水溶液：取 1 g 吐温-80（3.4）加入约 950 mL 水中，用水稀释至 1 000 mL，混匀。

3.7 除草剂原药母液：取适量除草剂原药（3.5），水溶性药剂用水溶解，非水溶性药剂用丙酮（3.1）、二甲基甲酰胺（3.2）或二甲基亚砜（3.3）等溶解，混匀；吐温-80（3.4）加入约 950 mL 水中，用水稀释至 1 000 mL，混匀。

3.8 除草剂梯度稀释液：取适量除草剂原药母液（3.7），用 0.1％吐温-80 水溶液（3.6）逐级稀释为梯度稀释液；若为制剂，可取适量除草剂制剂（3.5），用水溶解再逐级稀释为梯度稀释液。

4 仪器设备

4.1 电子天平：感量为 0.001 g。

4.2 喷雾设备：带稳压可定量喷雾的带扇形雾喷头。

4.3 培养箱、人工气候箱、人工气候室或温度可控温室：温度范围为 10 ℃～50 ℃，相对湿度范围为 50％～90％，光照度不小于 30 000 lx。

5 试样

5.1 监测对象

异型莎草（*Cyperus difformis* L.）、碎米莎草（*Cyperus iria* L.）、日照飘拂草［*Fimbristylis miliacea*（L.）Vahl］、野荸荠（*Heleocharis plantagineiformis* Tang et Wang）、牛毛毡［*Heleocharis yokoscensis*（Franch. et Savat.）Tang et Wang］、水莎草［*Juncellus serotinus*（Rottb.）C. B. Clarke］、萤蔺（*Scirpus juncoides* Roxb）、扁秆藨草（*Scirpus planiculmis* Fr. Schmidt）等。

5.2 样品采集与保存

5.2.1 在杂草抗药性监测区域设立采样点，每个采样点采集 5 块稻田，每块稻田用倒置"W"九点取样方法，采集成熟的莎草科杂草种子或营养繁殖器官。

5.2.2 采集杂草种子，每个采样点需要采集杂草 30 株以上，以保证每种莎草科杂草种子量不少于 2 000 粒。将种子混合，记录采集信息（附录 A）。将采集的种子晾干，置于阴凉干燥处备用。

5.2.3 采集杂草的营养繁殖器官，每个采样点每种杂草营养繁殖器官的采集量不少于 500 个。将营养繁殖器官混合，记录采集信息（附录 A）。将营养繁殖器官放入湿沙或 0 ℃～4 ℃冰箱中湿润保存。

6 试验步骤

6.1 试材培养

6.1.1 种子培养

配制无其他除草剂和其他杂草种子的营养土，风干，过筛装盆，或用植物培养基质装盆至 4/5 处，采用盆钵底部渗灌方式，使土壤完全湿润。选取打破休眠的种子，用水浸泡 8 h 以上完成吸胀，晾干后均匀撒播在土壤表面，每个培养钵播种 30 粒～50 粒莎草种子。覆土 0.5 cm～1 cm，置于 25 ℃（12 h）和 20 ℃（12 h），光照强度不小于 30 000 lx（白天），光周期 12 h∶12 h，相对湿度 75%～80%条件下的培养箱、人工气候箱（室）或温度可控温室（4.3）内培养。抗性监测的莎草种群与敏感种群在相同条件下进行培养。

6.1.2 营养繁殖器官培养

直接将营养繁殖器官移植于盆钵中，每盆 15 个～20 个。培养过程同 6.1.1。

6.2 药剂处理

6.2.1 单剂量甄别法

选择的除草剂梯度稀释液（3.8）中除草剂剂量为敏感种群的最低致死剂量，按药剂特性选择土壤喷雾处理或茎叶喷雾处理。如为土壤处理法，供试莎草播种后 24 h 进行土壤喷雾处理，其他参照 NY/T 1155.3；如为茎叶处理法，供试莎草长至 2 叶期，每盆保留 15 株～20 株长势一致的莎草植株，继续培养至茎 3 cm～5 cm 或株高 5 cm～8 cm 时喷药处理，其他参照 NY/T 1155.4。设不含除草剂（含有助剂）的处理作空白对照。每处理不少于 4 次重复。处理后按照 6.1 培养条件继续培养。

6.2.2 剂量曲线法

除草剂喷雾处理需在喷雾压力和喷雾速度稳定的喷雾设施内进行，标定喷雾塔或喷雾器械工作参数（喷雾压力和喷雾速度）；并按照试验设计从低剂量到高剂量（5个～7个剂量水平）的顺序，使用除草剂梯度稀释液（3.8）进行土壤喷雾处理或茎叶喷雾处理，喷液量为 300 L/hm² ～450 L/hm²，处理和培养方法参照 6.2.1。

6.3 结果调查

6.3.1 目测法

单剂量甄别法采用目测法调查，根据除草剂处理方式和特性，在处理后 7 d～28 d 进行目测。观察除草剂处理后杂草受害的症状，以空白对照处理为参照，比较除草剂处理的杂草防效。参照 GB/T 17980.40—2000 杂草防效的目测法标准（表1），记录除草剂对供试杂草的效果，以防效百分数（％）表示。1级～4级的为敏感种群；5级～9级的为疑似抗药性种群，进行剂量曲线试验。

表1 杂草防效的目测法标准

等 级	杂草生长情况	防效（％）
1级	无草	100
2级	相当于空白对照杂草的 0.1%～2.5%	97.5～99.9
3级	相当于空白对照杂草的 2.6%～5.0%	95.0～97.4
4级	相当于空白对照杂草的 5.1%～10.0%	90.0～94.9
5级	相当于空白对照杂草的 10.1%～15.0%	85.0～89.9
6级	相当于空白对照杂草的 15.1%～25.0%	75.0～84.9
7级	相当于空白对照杂草的 25.1%～35.0%	65.0～74.9
8级	相当于空白对照杂草的 35.1%～67.5%	32.5～64.9
9级	相当于空白对照杂草的 67.6%～100%	0～32.4

6.3.2 数测法

剂量曲线法采用数测法调查。土壤处理后 21 d～28 d，或茎叶处理后 7 d～28 d，剪取植株地上部分，称量鲜重，统计重量抑制率，计算毒力回归方程及 GR_{50}。

7 数据统计与分析

7.1 防治效果的计算

目测法直接得出除草剂对杂草的防效；数测法以杂草抑制率表示，通过与空白对照比较，计算各处理对杂草重量抑制率。按公式（1）计算防治效果。

$$CE = \frac{X_0 - X_1}{X_0} \times 100 \tag{1}$$

式中：

CE ——杂草重量抑制率的数值，单位为百分号（％）；

X_0 ——空白对照处理杂草鲜重的数值，单位为克（g）；

X_1 ——除草剂处理杂草鲜重的数值，单位为克（g）。

计算结果均保留 2 位小数。

7.2 剂量曲线法

采用概率值分析的方法对数据进行处理。可用 SAS、POLO-Plus、DPS 等软件进行统计分析，求出每种供试除草剂的 GR_{50} 及其 95％置信限、斜率（b）及其标准误差等（附录 B）。

7.3 抗药性水平的计算

根据杂草对除草剂的敏感基线和测试种群的 GR_{50}，按公式（2）计算测试种群的抗性指数。

$$RI = \frac{R_{GR_{50}}}{S_{GR_{50}}} \tag{2}$$

式中：

RI ——抗性指数；

$R_{GR_{50}}$——抗性种群生长抑制中量的数值，单位为克有效成分每公顷（g a. i. /hm²）；

$S_{GR_{50}}$——敏感种群生长抑制中量的数值，单位为克有效成分每公顷（g a. i. /hm²）。

计算结果均保留 2 位小数。

8 抗药性水平评估

8.1 稻田莎草科杂草对部分除草剂的敏感基线

参见附录 C。

8.2 抗药性分级标准

根据抗性指数的计算结果，按照杂草抗药性水平的分级标准（表 2），对测试种群的抗药性水平做出评估。

表 2　杂草抗药性水平的分级标准

抗药性水平分级	抗性指数（倍）
低水平抗性	$1.0 < RI \leqslant 3.0$
中等水平抗性	$3.0 < RI \leqslant 10.0$
高水平抗性	$RI > 10.0$

附录 A
（资料性）
杂草种子或营养繁殖器官采集信息登记表

杂草种子或营养繁殖器官采集信息登记表见表 A.1。

表 A.1　杂草种子或营养繁殖器官采集信息登记表

样品编号：＿＿＿＿＿＿

采样人：＿＿＿＿＿采集单位：＿＿＿＿＿＿　　　　　　　　采样日期：＿＿＿＿年＿＿＿月＿＿＿日

采样点详细地址	＿＿＿＿省＿＿＿＿县＿＿＿＿乡＿＿＿＿村 农户姓名：＿＿＿＿＿　电话：＿＿＿＿＿＿
杂草名称及数量	
定位信息	经度：＿＿＿＿＿＿，纬度：＿＿＿＿＿＿
种植模式	种植方式：＿＿＿＿＿＿，轮作模式：＿＿＿＿＿＿
除草剂使用背景	除草剂使用情况： 近 5 年使用：＿＿＿＿＿，用量：＿＿＿＿＿＿g a. i. /hm²，＿＿＿＿次/年； 近 10 年使用：＿＿＿＿＿，用量：＿＿＿＿＿＿g a. i. /hm²，＿＿＿＿次/年
除草剂药效	目前使用除草剂的效果（打√）：好；　一般；　差

附录 B

（资料性）

抗性种群和敏感种群的 GR_{50} 计算公式

按式（B.1）计算抗性种群和敏感种群的 GR_{50}。

$$Y_1 = C - \frac{D-C}{1-(X_1/GR_{50})^b} \qquad (B.1)$$

式中：

Y_1 ——在除草剂处理下杂草地上部分鲜重与对照鲜重的百分比，单位为百分号（%）；

C ——Y 值下限，单位为百分号（%）；

D ——Y 值上限，单位为百分号（%）；

X_1 ——除草剂剂量的数值，单位为克有效成分每公顷（g a.i./hm²）；

GR_{50}——生长抑制中量的数值，单位为克有效成分每公顷（g a.i./hm²）；

b ——斜率。

也可按式（B.2）计算抗性种群和敏感种群的 GR_{50}。

$$Y_2 = a + bX_2 \qquad (B.2)$$

式中：

Y_2 ——杂草抑制率，单位为百分号（%）；

a ——截距；

b ——斜率；

X_2 ——除草剂剂量（单位为克有效成分每公顷，g a.i./hm²）的对数。

附　录　C
（资料性）
稻田莎草科杂草对部分除草剂敏感基线参考值

稻田莎草科杂草对部分除草剂敏感基线参考值见表C.1。

表 C.1　稻田莎草科杂草对部分除草剂敏感基线参考值

杂草名称	药剂品种	$GR_{50} \pm SE$（g a. i. /hm²）
异型莎草	苄嘧磺隆	1.70±0.31
	吡嘧磺隆	1.32±0.06
	五氟磺草胺	1.64 ± 0.01
碎米莎草	苄嘧磺隆	2.89 ± 0.43
	吡嘧磺隆	1.56 ± 0.17
	五氟磺草胺	1.83 ± 0.23
萤蔺	苄嘧磺隆	2.33 ± 0.47
	吡嘧磺隆	2.11 ± 0.34
	五氟磺草胺	3.75 ± 0.21

注：SE为标准误。

小麦田禾本科杂草抗药性监测技术

1　试剂与材料

除非另有说明，所用试剂均为分析纯。实验室用水符合 GB/T 6682 规定的二级水要求。

1.1　丙酮（CH_3COCH_3，CAS 号：67-64-1）。

1.2　二甲基甲酰胺［$HCON(CH_3)_2$，CAS 号：68-12-2］。

1.3　二甲基亚砜（C_2H_6OS，CAS 号：67-68-5）。

1.4　吐温-80［$C_{24}H_{44}O_6(C_2H_4O)_n$，CAS 号：9005-65-6］。

1.5　除草剂原药或制剂。

1.6　0.1%吐温-80 水溶液：取 1 g 吐温-80（1.4）加入约 950 mL 水中，用水稀释至 1 000 mL，混匀。

1.7　除草剂原药母液：取适量除草剂原药（1.5），水溶性药剂用水溶解，非水溶性药剂用丙酮（1.1）、二甲基甲酰胺（1.2）或二甲基亚砜（1.3）等溶解，混匀；吐温-80（1.4）加入约 950 mL 水中，用水稀释至 1 000 mL，混匀。

1.8　除草剂梯度稀释液：取适量除草剂原药母液（1.7），用 0.1%吐温-80 水溶液（1.6）逐级稀释为梯度稀释液；若为制剂，可取适量除草剂制剂（1.5），用水溶解再逐级稀释为梯度稀释液。

2　仪器设备

2.1　电子天平：感量为 0.001 g。

2.2　可控定量喷雾设备。

2.3　人工气候室或可控智能温室。

3　试样

3.1　监测对象

看麦娘（*Alopecurus aequalis*）、日本看麦娘（*Alopecurus japonicus*）、大

穗看麦娘（*Alopecurus myosuroides*）、节节麦（*Aegilops tauschii*）、雀麦（*Bromus japonicus*）、多花黑麦草（*Lolium multiflorum*）、菵草（*Beckmannia syzigachne*）等。

3.2 样品采集与保存

3.2.1 在杂草抗药性监测区域设立采样点，每个采样点采集 5 块麦田，每块麦田用倒置"W"九点取样方法，采集成熟的禾本科杂草种子。

3.2.2 采集杂草种子，每个采样点需要采集杂草 30 株以上，以保证每种禾本科杂草种子量不少于 2 000 粒。将种子混合，记录采集信息（附录 A）。将采集的种子晾干，置于阴凉干燥处备用。

4 试验步骤

4.1 试材准备

4.1.1 种子预发芽

取 100 粒 3.2.2 的杂草种子，进行预发芽试验，种子发芽率大于 80％时方可用于抗药性监测试验。发芽率较低时，可采用物理或化学方法处理，提高其发芽率。

4.1.2 试材培养

配制无其他除草剂和其他杂草种子的营养土，装于直径不小于 10 cm 的培养钵，将待测种子均匀撒播在土壤表面，依据种子粒径大小，覆土 0.3 cm～0.5 cm。采用盆钵底部渗灌方式补充水分，置于 25 ℃：20 ℃（L：D），光周期 12 h：12 h（L：D），相对湿度 60％～70％条件的人工气候室或可控温室内培养。

与抗性监测的杂草种群同时播种经试验证实为对待测除草剂敏感的杂草种群，在相同条件下进行培养。

4.2 药剂处理

4.2.1 单剂量甄别法

选择的除草剂梯度稀释液（1.8）中除草剂剂量为敏感种群的最低致死剂量，按药剂特性选择土壤喷雾处理或茎叶喷雾处理。如为土壤处理法，供试禾本科杂草播种后 24 h 进行土壤喷雾处理，其他参照 NY/T 1155.3；如为茎叶处理法，供试禾本科杂草长至 2 叶期，每盆保留 15 株～20 株长势一致的禾本科杂草植株，继续培养至 2 叶～4 叶期时喷药处理，其他参照 NY/T 1155.4。设不含除草剂（含有助剂）的处理作空白对照。每处理不少于 4 次重复。处理后按照 4.1.2 的培养条件继续培养。

4.2.2　剂量曲线法

除草剂喷雾处理需在喷雾压力和喷雾速度稳定的喷雾设施内进行，标定喷雾塔或喷雾器械工作参数（喷雾压力和喷雾速度）；并按照试验设计从低剂量到高剂量（5 个～7 个剂量水平）的顺序，使用除草剂梯度稀释液（1.8）进行土壤喷雾处理或茎叶喷雾处理，喷液量为 300 L/hm^2～450 L/hm^2，处理和培养方法参照 4.2.1。

4.3　结果调查

4.3.1　目测法

单剂量甄别法采用目测法调查，根据除草剂处理方式和特性，在处理后 7 d～28 d 进行目测。观察除草剂处理后杂草受害的症状，以空白对照处理为参照，比较除草剂处理的杂草防效。参照 GB/T 17980.40—2000 杂草防效的目测法标准（表 1），记录除草剂对供试杂草的效果，以防效百分数（%）表示。1 级～4 级的为敏感种群；5 级～9 级的为疑似抗药性种群，进行剂量曲线试验。

表 1　杂草防效的目测法标准

等级	杂草生长情况	防效（%）
1 级	无草	100
2 级	相当于空白对照杂草的 0.1%～2.5%	97.5～99.9
3 级	相当于空白对照杂草的 2.6%～5.0%	95.0～97.4
4 级	相当于空白对照杂草的 5.1%～10.0%	90.0～94.9
5 级	相当于空白对照杂草的 10.1%～15.0%	85.0～89.9
6 级	相当于空白对照杂草的 15.1%～25.0%	75.0～84.9
7 级	相当于空白对照杂草的 25.1%～35.0%	65.0～74.9
8 级	相当于空白对照杂草的 35.1%～67.5%	32.5～64.9
9 级	相当于空白对照杂草的 67.6%～100%	0～32.4

4.3.2　数测法

剂量曲线法采用数测法调查。土壤处理后 21 d～28 d，或茎叶处理后 7 d～

28 d，剪取植株地上部分，称量鲜重，统计重量抑制率，计算毒力回归方程及 GR_{50}。

5 数据统计与分析

5.1 防治效果的计算

目测法直接得出除草剂对杂草的防效；数测法以杂草抑制率表示，通过与空白对照比较，计算各处理对杂草重量抑制率。按公式（1）计算防治效果。

$$CE = \frac{X_0 - X_1}{X_0} \times 100 \qquad (1)$$

式中：

CE——杂草重量抑制率的数值，单位为百分号（%）；

X_0——空白对照处理杂草鲜重的数值，单位为克（g）；

X_1——除草剂处理杂草鲜重的数值，单位为克（g）。

计算结果均保留 2 位小数。

5.2 剂量曲线法

采用概率值分析的方法对数据进行处理。可用 SAS、POLO-Plus、DPS 等软件进行统计分析，求出每种供试除草剂的 GR_{50} 及其 95% 置信限、斜率（b）及其标准误差等（附录 B）。

5.3 抗药性水平的计算

根据杂草对除草剂的敏感基线和测试种群的 GR_{50}，按公式（2）计算测试种群的抗性指数。

$$RI = \frac{R_{GR_{50}}}{S_{GR_{50}}} \qquad (2)$$

式中：

RI——抗性指数；

$R_{GR_{50}}$——抗性种群生长抑制中量的数值，单位为克有效成分每公顷（g a. i. /hm²）；

$S_{GR_{50}}$——敏感种群生长抑制中量的数值，单位为克有效成分每公顷（g a. i. /hm²）。

计算结果均保留 2 位小数。

6　抗药性水平评估

6.1　小麦田禾本科杂草对部分除草剂的敏感基线

参见附录 C。

6.2　抗药性分级标准

根据抗性指数的计算结果，按照杂草抗药性水平的分级标准（表 2），对测试种群的抗药性水平做出评估。

表 2　杂草抗药性水平的分级标准

抗药性水平分级	抗性指数（倍）
低水平抗性	$1.0 < RI \leqslant 3.0$
中等水平抗性	$3.0 < RI \leqslant 10.0$
高水平抗性	$RI > 10.0$

附录 A
杂草种子采集信息登记表

杂草种子采集信息登记表见表 A.1。

表 A.1　杂草种子采集信息登记表

样品编号			采集人	
采集时间	_____年_____月_____日		经纬度	E：_____ N：_____
具体地点	_____省_____市（县）_____乡_____村_____组			
播种方式	1. 机械条播　　2. 机械撒播　　3. 人工撒播　　4. 其他（　　）			
近 5 年除草剂 使用情况	年份			
	除草剂使用品种			

附录 B

抗性种群和敏感种群的 GR_{50} 计算公式

按式（B.1）计算抗性种群和敏感种群的 GR_{50}。

$$Y_1 = C - \frac{D-C}{1-(X_1/GR_{50})^b} \qquad (B.1)$$

式中：

Y_1 ——在除草剂处理下杂草地上部分鲜重与对照鲜重的百分比，单位
为百分号（%）；

C ——Y 值下限，单位为百分号（%）；

D ——Y 值上限，单位为百分号（%）；

X_1 ——除草剂剂量的数值，单位为克有效成分每公顷（g a.i./hm²）；

GR_{50}——生长抑制中量的数值，单位为克有效成分每公顷（g a.i./hm²）；

b ——斜率。

也可按式（B.2）计算抗性种群和敏感种群的 GR_{50}。

$$Y_2 = a + bX_2 \qquad (B.2)$$

式中：

Y_2 ——杂草抑制率，单位为百分号（%）；

a ——截距；

b ——斜率；

X_2——除草剂剂量（单位为克有效成分每公顷，g a.i./hm²）的对数。

附录 C
小麦田禾本科杂草对部分除草剂敏感基线参考值

在从未使用过与待评估药剂相同作用机理除草剂的地区，或从未有除草剂使用历史的地区，采集不低于 10 个杂草种群，测定其对待评估除草剂的剂量反应曲线，计算 GR_{50} 来评价不同种群对除草剂的敏感性。选择最敏感种群在网室内不接触任何药剂的情况下继代繁殖，得到敏感种群，建立的敏感基线参考值见表 C.1、C.2。

表 C.1　小麦田禾本科杂草对土壤处理剂敏感基线参考值

药剂	杂草名称	回归方程	GR_{50} (g a. i. /hm²)	95％置信限
异丙隆	看麦娘	$Y=1.712\,8+1.806\,0X$	66.090\,9	55.119\,5～79.246\,3
	日本看麦娘	$Y=2.050\,4+1.617\,5X$	66.621\,2	53.058\,6～83.650\,7
	大穗看麦娘	$Y=2.177\,0+1.489\,9X$	78.476\,4	67.710\,3～90.954\,3

表 C.2　小麦田禾本科杂草对茎叶处理剂敏感基线参考值

药剂	杂草名称	回归方程	GR_{50} (g a. i. /hm²)	95％置信限
甲基二磺隆	看麦娘	$Y=5.211\,3+1.240\,2X$	0.675\,5	0.465\,6～0.980\,1
	日本看麦娘	$Y=5.175\,9+1.865\,0X$	0.710\,7	0.508\,6～0.993\,2
	大穗看麦娘	$Y=4.948\,5+1.453\,9X$	1.085\,0	0.721\,9～1.630\,7
精噁唑禾草灵	看麦娘	$Y=4.017\,2+1.328\,6X$	5.492\,2	4.330\,2～6.966\,2
	日本看麦娘	$Y=4.043\,9+1.281\,8X$	5.570\,3	4.483\,3～6.921\,0
	大穗看麦娘	$Y=3.180\,7+1.747\,2X$	10.996\,9	8.894\,6～13.596\,1
啶磺草胺	看麦娘	$Y=5.240\,3+1.197\,7X$	0.630\,0	0.560\,7～0.707\,8
	日本看麦娘	$Y=5.114\,0+1.318\,6X$	0.819\,5	0.534\,2～1.257\,1
	大穗看麦娘	$Y=5.083\,1+1.335\,8X$	0.866\,5	0.704\,6～1.065\,6

小麦田阔叶杂草抗药性监测技术规程[*]

NY/T 3688—2020

1 范围

本标准规定了小麦田阔叶杂草抗药性监测的基本方法。

本标准适用于小麦田阔叶杂草对常用除草剂的抗性监测。

2 规范性引用文件

下列文件对于本文件的应用是必不可少的。凡是注日期的引用文件，仅注日期的版本适用于本文件。凡是不注日期的引用文件，其最新版本（包括所有的修改单）适用于本文件。

NY/T 1155.3 农药室内生物测定试验准则 除草剂 第3部分：活性测定试验 土壤喷雾法

NY/T 1155.4 农药室内生物测定试验准则 除草剂 第4部分：活性测定试验 茎叶喷雾法

NY/T 1667（所有部分） 农药登记管理术语

NY/T 1859.4 农药抗性风险评估 第4部分：乙酰乳酸合成酶抑制剂类除草剂抗性风险评估

NYT 1997 除草剂安全使用技术规范 通则

3 仪器设备

电子天平（感量 0.001 g，0.01 g 等）；

移液管或移液器（100 μL，200 μL，1 000 μL，5 000 μL 等）；

容量瓶（10 mL，25 mL，50 mL，100 mL，200 mL 等）；

量筒、量杯等玻璃仪器；

具有扇形喷头及控压装置的喷雾塔或其他喷雾器械；

---

* 该规程已公开发布，以发布版本为准。——编者注

培养箱、人工气候箱（室）或温度可控温室。

4 材料与试剂

4.1 杂草试材

播娘蒿（*Descurainia sophia*）、荠菜（*Capsella bursa-pastoris*）、麦瓶草（*Silene conoidea*）、繁缕（*Stellaria media*）、鹅肠菜（*Myosoton aquaticum*）、猪殃殃（*Galium aparine*）、阿拉伯婆婆纳（*Veronica persica*）、田紫草（*Lithospermum arvense*）、藜（*Chenopodium album*）、救荒野豌豆（*Vicia sativa*）、鸭跖草（*Commelina communis*）、宝盖草（*Lamium amplexicaule*）、萹蓄（*Polygonum aviculare*）、打碗花（*Calystegia hederacea*）等。

4.2 试验药剂

监测用的除草剂原药或制剂。

5 试验步骤

5.1 试材准备

5.1.1 种子采集

在杂草抗药性监测区域设立采样点，每个采样点采集 5 块麦田，每块麦田用倒置"W"九点取样方法，采集成熟的阔叶杂草种子。每点每种杂草采集 30 株以上，以保证每块田每种杂草种子量不少于 2 000 粒。以采样点为单位将种子混合，记录采集信息（附录 A）。将采集的种子晾干，置于阴凉干燥处备用。

5.1.2 种子预发芽

取 100 粒 5.1.1 的杂草种子进行预发芽试验，种子发芽率大于 80% 时方可用于抗药性监测试验。发芽率较低时，可采用物理或化学方法处理，提高其发芽率。

5.1.3 试材培养

配制无其他除草剂和其他杂草种子的营养土，装于直径不小于 10cm 的培养钵，将待测种子均匀撒播在土壤表面，依据种子粒径大小，覆土 0.1 cm～0.5 cm。采用培养钵底部渗灌方式补充水分，置于 25 ℃（12 h）和 20 ℃（12 h），光照强度不小于 30 000 lx（白天），光周期 12 h：12 h，相对湿度 60%～70% 条件下的培养箱、人工气候箱（室）或温度可控温室内培养。

与抗性监测的杂草种群同时播种经试验证实为对待测除草剂敏感的杂草种群，在相同条件下进行培养。

每个培养钵播种 20 粒～50 粒杂草种子。

5.2 剂量设计及药剂配制

将试验药剂的原药或制剂配制梯度剂量。通过预试验确定试验药剂的剂量（浓度）范围。

准确称取一定量的原药或制剂（精确至 0.001 g）。如为原药，水溶性药剂用去离子水溶解，非水溶性药剂用适宜溶剂（丙酮、二甲基甲酰胺或二甲基亚砜等）溶解，配制成母液；用 0.1％吐温-80 水溶液将母液按试验要求稀释成梯度剂量。若为制剂，可直接用去离子水稀释成梯度剂量。

单剂量甄别法的除草剂剂量，只设对敏感种群的最低致死剂量；剂量反应曲线法的除草剂剂量，需设置 5 个～7 个梯度剂量。

5.3 药剂处理

除草剂喷雾需在喷雾压力和喷雾速度稳定的喷雾设施内进行，标定喷雾塔或喷雾器械工作参数（喷雾压力和喷雾速度）；并按照试验设计从低剂量到高剂量的顺序进行土壤处理或茎叶处理，土壤处理喷液量为 450 L/hm²～600 L/hm²，茎叶喷雾法喷液量为 300 L/hm²～450 L/hm²。

设不含药剂的处理作空白对照。每处理不少于 4 次重复。

处理后移入培养箱、人工气候箱（室）或温度可控温室内，保持土壤湿润培养。

5.3.1 土壤处理法

供试杂草播种后 24 h 进行土壤喷雾处理。其他按照 NY/T 1155.3 的规定执行。

5.3.2 茎叶处理法

供试杂草长至 2 叶期间苗，每盆保留相同数量长势一致的杂草植株，继续培养至 2 叶～4 叶期进行茎叶喷雾处理。其他按照 NY/T 1155.4 的规定执行。

5.4 结果检查

处理后定期观察、记载杂草生长情况。采用目测法或数测法调查杂草防除效果。

5.4.1 目测法

目测观察杂草受除草剂伤害的症状，比较药剂处理与空白对照处理的杂草防效差异。记录除草剂对供试杂草的效果，以防效百分数（％）表示。具体标准为：

1 级　无草；防效 100％；

2 级　相当于空白对照杂草的 0.1％～2.5％；防效 97.5％～99.9％；

3 级　相当于空白对照杂草的 2.6％～5.0％；防效 95.0％～97.4％；

4 级　相当于空白对照杂草的 5.1％～10.0％；防效 90.0％～94.9％；

5 级　相当于空白对照杂草的 10.1％～15.0％；防效 85.0％～89.9％；

6 级　相当于空白对照杂草的 15.1％～25.0％；防效 75.0％～84.9％；

7 级　相当于空白对照杂草的 25.1％～35.0％；防效 65.0％～74.9％；

8 级　相当于空白对照杂草的 35.1％～67.5％；防效 32.5％～64.9％；

9 级　相当于空白对照杂草的 67.6％～100％；防效 0％～32.4％。

根据除草剂处理方式和特性，在处理后第 7 d～28 d 进行目测。

5.4.2　数测法

土壤处理后 14 d，调查各处理杂草出苗数，处理后第 21 d～28 d，调查各处理存活杂草株数，剪取植株地上部分，称量鲜重或干重，统计杂草株数和重量抑制率，计算毒力回归方程及 GR_{50}。

茎叶处理后第 7 d～28 d，调查各处理存活杂草株数，剪取植株地上部分，称量鲜重或干重，统计杂草株数和重量抑制率，计算毒力回归方程及 GR_{50}。

6　数据统计与分析

6.1　防治效果

目测法直接得出药剂对杂草的防效；数测法以杂草抑制率表示，通过与空白对照比较，计算各处理对杂草株数、鲜重或干重抑制率。计算公式采用式（1）。

$$CE = \frac{X_0 - X_1}{X_0} \times 100 \qquad (1)$$

式中：

CE——杂草株数或鲜重抑制率，单位为百分号（％）；

X_0——空白对照处理杂草株数或鲜重，单位为株或克（g）；

X_1——药剂处理杂草株数或鲜重，单位为株或克（g）。

注：计算结果均保留到小数点后 2 位。

6.2　单剂量甄别

依据试验药剂的特性，采用 5.3.1 和 5.3.2 方法对需要监测的杂草种群进行土壤处理或茎叶喷雾处理。除草剂剂量采用敏感种群的最低致死剂量。依据试验药剂特性，在施药后 7 d～28 d，按照 5.4.1 方法目测防效，或调查杂草存活株数，按式（1）计算防效。

6.3 剂量反应曲线

依据试验药剂的特性，采用 5.3.1 和 5.3.2 方法对需要监测的杂草种群进行土壤处理或茎叶喷雾处理。除草剂剂量采用 5.2 剂量反应曲线法设计的系列浓度。依据试验药剂特性，在施药后 7 d～28 d，按 5.4.2 方法调查杂草鲜重（或干重），按式（1）计算防效。以杂草鲜重、干重为指标，建立剂量反应方程。

一般情况下，按式（2）计算抗性种群和敏感种群生长抑制中量（GR_{50}）。

$$Y = C + \frac{D-C}{1+(X/GR_{50})^b} \qquad (2)$$

式中：

Y ——在除草剂处理下杂草地上部分鲜重、干重与对照鲜重、干重的百分比，单位为百分号（%）；

X ——除草剂剂量，单位为克有效成分每公顷（g a. i. /hm²）；

C ——Y 值下限，单位为百分号（%）；

D ——Y 值上限，单位为百分号（%）；

GR_{50}——杂草生长抑制中量，单位为克有效成分每公顷（g a. i. /hm²）；

b ——斜率。

也可以按式（3）计算抗性种群和敏感种群生长抑制中量（GR_{50}）。

$$Y = a + bX \qquad (3)$$

式中：

Y ——杂草抑制率（%）概率值；

X ——除草剂剂量（单位为克有效成分每公顷，g a. i. /hm²）的对数；

b ——斜率；

a ——截距。

7 抗性水平、频率计算与评估

7.1 小麦田阔叶杂草对部分除草剂的敏感基线

参见附录 B。

7.2 抗性指数计算

根据杂草对除草剂的敏感基线和测试种群的 GR_{50}，按式（4）计算测试种群的抗性指数。计算结果均保留到小数点后两位。

$$RI = \frac{GR_{50,R}}{GR_{50,S}} \tag{4}$$

式中：

RI ——抗性指数；

$GR_{50,R}$——抗性种群生长抑制中量，单位为克有效成分每公顷（g a.i. /hm²）；

$GR_{50,S}$——敏感种群生长抑制中量，单位为克有效成分每公顷（g a.i. /hm²）。

7.3 抗性杂草发生频率计算

根据单剂量甄别结果，按式（5）计算抗性杂草发生频率。

$$RP = \frac{RS}{TS} \times 100 \tag{5}$$

式中：

RP ——抗性杂草发生频率，单位为百分号（%）；

RS ——某杂草种产生抗性的样点数，单位为个（个）；

TS ——某杂草种监测样点总数，单位为个（个）。

7.4 抗性水平评估

根据抗性指数的计算结果，按照杂草抗性水平分级标准（表1），对测试种群的抗性水平做出评估。

表 1 杂草抗性水平的分级

抗性分级	抗性指数（倍）
低水平抗性	$1.0 < RI \leqslant 3.0$
中等水平抗性	$3.0 < RI \leqslant 10$
高水平抗性	$RI > 10$

附录 A
（资料性附录）
杂草种子采集信息表

采样单位：_____　　　　　　　　采样人：_____

样品编号：_____　　　　　　　　采样日期：_____年_____月_____日

采样点详细地址	_____省_____县_____乡_____村 农户姓名：_____电话：_____
杂草名称	
GPS定位	经度：_____，纬度：_____
种植模式	上茬作物名称：_____；种植方式：_____，轮作模式：_____
除草剂使用背景	除草剂使用情况： 近5年使用：_____，用量：_____ g a.i./hm²，_____次/年； 近10年使用：_____，用量：_____ g a.i./hm²，_____次/年
除草剂药效	目前使用除草剂的效果（打√）：好；一般；差

附录 B

（资料性附录）

小麦田阔叶杂草对部分除草剂敏感基线参考值

小麦田阔叶杂草对部分除草剂敏感基线参考值见表 B.1。

表 B.1　小麦田阔叶杂草对部分除草剂敏感基线参考值

杂草种类	药剂品种	GR_{50}（g a.i. /hm²）（SE）
播娘蒿（*Descurainia sophia*）	苯磺隆	0.11（0.02～0.20）
	双氟磺草胺	0.08（0.05～0.11）
荠菜（*Capsella bursa-pastoris*）	苯磺隆	0.20（0.10～0.30）
	双氟磺草胺	0.08（0.03～0.12）
猪殃殃（*Galium aparine*）	苯磺隆	5.20（3.25～7.23）
	双氟磺草胺	0.29（0.08～0.99）
鹅肠菜（*Myosoton aquaticum*）	苯磺隆	0.18（0.15～0.21）
	双氟磺草胺	0.08（0.074～0.086）
繁缕（*Stellaria media*）	苯磺隆	0.15（0.14～0.20）
	双氟磺草胺	0.09（0.071～0.085）
麦瓶草（*Silene conoidea*）	苯磺隆	0.31（0.22～0.40）
	双氟磺草胺	0.25（0.19～0.44）
田紫草（*Lithospermum arvense*）	苯磺隆	0.37（0.32～0.43）
救荒野豌豆（*Vicia sativa*）	苯磺隆	0.29（0.18～0.45）
阿拉伯婆婆纳（*Veronica persica*）	苯磺隆	0.25（0.17～0.43）
藜（*Chenopodium album*）	苯磺隆	0.55（0.48～0.99）

注：SE 为标准误。

玉米田禾本科杂草抗药性监测技术

1　试剂与材料

除非另有说明，所用试剂均为分析纯。实验室用水符合 GB/T 6682 规定的二级水要求。

1.1　丙酮（CH_3COCH_3，CAS 号：67-64-1）。

1.2　二甲基甲酰胺［$HCON(CH_3)_2$，CAS 号：68-12-2］。

1.3　二甲基亚砜（C_2H_6OS，CAS 号：67-68-5）。

1.4　吐温-80［$C_{24}H_{44}O_6(C_2H_4O)_n$，CAS 号：9 005-65-6］。

1.5　除草剂原药或制剂。

1.6　0.1％吐温-80 水溶液：取 1 g 吐温-80（1.4）加入约 950 mL 水中，用水稀释至 1 000 mL，混匀。

1.7　除草剂原药母液：取适量除草剂原药（1.5），水溶性药剂用水溶解，非水溶性药剂用丙酮（1.1）、二甲基甲酰胺（1.2）或二甲基亚砜（1.3）等溶解，混匀；吐温-80（1.4）加入约 950 mL 水中，用水稀释至 1 000 mL，混匀。

1.8　除草剂梯度稀释液：取适量除草剂原药母液（1.7），用 0.1％吐温-80 水溶液（1.6）逐级稀释为梯度稀释液；若为制剂，可取适量除草剂制剂（1.5），用水溶解再逐级稀释为梯度稀释液。

2　仪器设备

2.1　电子天平：感量为 0.001 g。

2.2　移液管或移液器：量程为 100 μL、200 μL、1 000 μL、5 000 μL。

2.3　容量瓶：容量为 10 mL、25 mL、50 mL、100 mL、200 mL。

2.4　可控定量喷雾设备。

2.5　培养箱、人工气候室或可控温温室。

3　试样

3.1　监测对象

稗（*Echinochloa crus-galli*）、马唐（*Digitaria sanguinalis*）、止血马唐

（*Digitaria ischaemum*）、野稷（*Panicum miliaceum*）、野黍（*Eriochloa villosa*）、狗尾草（*Setaria viridis*）、牛筋草（*Eleusine indica*）等。

3.2 样品采集与保存

3.2.1 在杂草抗药性监测区域设立采样点，每个采样点采集 5 块玉米田，每块玉米田用倒置"W"九点取样方法，采集成熟的禾本科杂草种子。

3.2.2 采集杂草种子，每点每种杂草采集 30 株以上，以保证每块田每种杂草种子量不少于 2 000 粒。以采样地为单位将同一种杂草的种子混合，作为一个种群。记录采集信息（附录 A）。将采集的杂草种子晾干，置于阴凉干燥处备用。

4 试验步骤

4.1 试材准备

4.1.1 种子预发芽

取 100 粒 3.2.2 的杂草种子，进行预发芽试验，种子发芽率大于 80％时方可用于抗药性监测试验。发芽率较低时，可采用温度处理、机械处理或药剂处理，提高其发芽率。

4.1.2 试材培养

配制无其他除草剂和其他杂草种子的营养土，装于直径不小于 10 cm 的培养钵。将待测杂草种群的种子均匀撒播在土壤表面，每个培养钵播种 20 粒～50 粒杂草种子，依据种子粒径大小，覆土 0.1 cm～0.5 cm。采用培养钵底部渗灌方式补充水分，置于 25 ℃（12 h）和 20 ℃（12 h），光照强度不小于 30 000 lx（白天），光周期 12 h：12 h，相对湿度 60％～70％条件下的培养箱、人工气候箱（室）或温度可控温室内培养。

与抗性监测的杂草种群同时播种经试验证实为对待测除草剂敏感的杂草种群，在相同条件下进行培养。

4.2 药剂处理

4.2.1 单剂量甄别法

选择的除草剂梯度稀释液（1.8）中除草剂剂量为敏感种群的最低致死剂量，按药剂特性选择土壤喷雾处理或茎叶喷雾处理。如为土壤处理法，供试禾本科杂草播种后 24 h 进行土壤喷雾处理，其他参照 NY/T 1155.3；如为茎叶处理法，供试禾本科杂草长至 2 叶期，每盆保留 15 株～20 株长势一致的禾本科杂草植株，继续培养至 2 叶～4 叶期时喷药处理，其他参照 NY/T 1155.4。设不含除草剂（含有助剂）的处理作空白对照。每处理不少于 4 次重复。处理后按照 4.1.2 培养条件继续培养。

4.2.2　剂量曲线法

除草剂喷雾处理需在喷雾压力和喷雾速度稳定的喷雾设施内进行，标定喷雾塔或喷雾器械工作参数（喷雾压力和喷雾速度）；并按照试验设计从低剂量到高剂量（5 个～7 个剂量水平）的顺序，使用除草剂梯度稀释液（1.8）进行土壤喷雾处理或茎叶喷雾处理，喷液量为 300 L/hm^2～450 L/hm^2，处理和培养方法参照 4.2.1。

4.3　结果调查

4.3.1　目测法

单剂量甄别法采用目测法调查，根据除草剂处理方式和特性，在处理后 7 d～28 d 进行目测。观察除草剂处理后杂草受害的症状，以空白对照处理为参照，比较除草剂处理的杂草防效。参照 GB/T 17980.40—2000 杂草防效的目测法标准（表 1），记录除草剂对供试杂草的效果，以防效百分数（％）表示。1 级～4 级的为敏感种群；5 级～9 级的为疑似抗药性种群，进行剂量曲线试验。

表 1　杂草防效的目测法标准

等级	杂草生长情况	防效（％）
1 级	无草	100
2 级	相当于空白对照杂草的 0.1％～2.5％	97.5～99.9
3 级	相当于空白对照杂草的 2.6％～5.0％	95.0～97.4
4 级	相当于空白对照杂草的 5.1％～10.0％	90.0～94.9
5 级	相当于空白对照杂草的 10.1％～15.0％	85.0～89.9
6 级	相当于空白对照杂草的 15.1％～25.0％	75.0～84.9
7 级	相当于空白对照杂草的 25.1％～35.0％	65.0～74.9
8 级	相当于空白对照杂草的 35.1％～67.5％	32.5～64.9
9 级	相当于空白对照杂草的 67.6％～100％	0～32.4

4.3.2　数测法

剂量曲线法采用数测法调查。土壤处理后 14 d，调查各处理杂草出苗数，处理后 21 d~28 d，调查各处理存活杂草株数，剪取植株地上部分，称量鲜重，统计杂草株数和重量抑制率，计算毒力回归方程及 GR_{50}。

茎叶处理后 7 d~28 d，调查各处理存活杂草株数，剪取植株地上部分，称量鲜重，统计杂草株数和重量抑制率，计算毒力回归方程及 GR_{50}。

5　数据统计与分析

5.1　防治效果的计算

目测法直接得出除草剂对杂草的防效；数测法以杂草抑制率表示，通过与空白对照比较，计算各处理对杂草重量抑制率。按公式（1）计算防治效果。

$$CE = \frac{X_0 - X_1}{X_0} \times 100 \tag{1}$$

式中：

CE ——杂草重量抑制率的数值，单位为百分号（％）；

X_0 ——空白对照处理杂草鲜重的数值，单位为克（g）；

X_1 ——除草剂处理杂草鲜重的数值，单位为克（g）。

计算结果均保留 2 位小数。

5.2　剂量曲线法

采用概率值分析的方法对数据进行处理。可用 SAS、POLO-Plus、DPS 等软件进行统计分析，求出每种供试除草剂的 GR_{50} 及其 95％置信限、斜率（b）及其标准误差等（附录 B）。

5.3　抗药性水平的计算

根据杂草对除草剂的敏感基线和测试种群的 GR_{50}，按公式（2）计算测试种群的抗性指数。

$$RI = \frac{R_{GR_{50}}}{S_{GR_{50}}} \tag{2}$$

式中：

RI ——抗性指数；

$R_{GR_{50}}$ ——抗性种群生长抑制中量的数值，单位为克有效成分每公顷（g a.i. /hm²）；

$S_{GR_{50}}$——敏感种群生长抑制中量的数值，单位为克有效成分每公顷（g a. i. /hm²）。

计算结果均保留 2 位小数。

6 抗药性水平评估

6.1 玉米田禾本科杂草对部分除草剂的敏感基线

参见附录 C。

6.2 抗药性分级标准

根据抗性指数的计算结果，按照杂草抗药性水平的分级标准（表 2），对测试种群的抗药性水平做出评估。

表 2 杂草抗药性水平的分级标准

抗药性水平分级	抗性指数（倍）
低水平抗性	$1.0 < RI \leqslant 3.0$
中等水平抗性	$3.0 < RI \leqslant 10.0$
高水平抗性	$RI > 10.0$

附录 A
杂草种子采集信息登记表

采样单位：_____   采样人：

样品编号：_____   采样日期：_____年___月___日

采样地详细地址	_____省_____县_____乡_____村 农户姓名：_____电话：_____
杂草名称	
地理坐标	经度：_____，纬度：_____
种植模式	上茬作物名称：_____；种植方式：_____，轮作模式：_____
除草剂使用背景	除草剂使用情况： 近5年使用：_____，用量：_____ g a. i. /hm², ___次/年； 近10年使用：_____，用量：_____ g a. i. /hm², ___次/年
除草剂药效	目前使用除草剂的效果（打√）：好；一般；差

附录 B
抗性种群和敏感种群的 GR_{50} 计算公式

按式（B.1）计算抗性种群和敏感种群的 GR_{50}。

$$Y_1 = C - \frac{D-C}{1-(X_1/GR_{50})^b} \qquad (B.1)$$

式中：

Y_1　——在除草剂处理下杂草地上部分鲜重与对照鲜重的百分比，单位为百分号（%）；

C　——Y 值下限，单位为百分号（%）；

D　——Y 值上限，单位为百分号（%）；

X_1　——除草剂剂量的数值，单位为克有效成分每公顷（g a.i./hm²）；

GR_{50}——生长抵制中量的数值，单位为克有效成分每公顷（g a.i./hm²）；

b　——斜率。

也可按式（B.2）计算抗性种群和敏感种群的 GR_{50}。

$$Y_2 = a + bX_2 \qquad (B.2)$$

式中：

Y_2——杂草抑制率，单位为百分号（%）；

a　——截距；

b　——斜率；

X_2——除草剂剂量（单位为克有效成分每公顷，g a.i./hm²）的对数。

附录 C
玉米田禾本科杂草对部分除草剂敏感基线参考值

玉米田禾本科杂草对部分除草剂敏感基线参考值见表 C.1。

表 C.1　玉米田禾本科杂草对部分除草剂敏感基线参考值

杂草种类	药剂品种	$GR_{50} \pm SE$（g a. i. /hm²）
野稷 （Panicum miliaceum）	莠去津	35.519 3±2.779 5
	硝磺草酮	9.827 7±0.809 8
	烟嘧磺隆	3.628 0±1.328 6
稗 （Echinochloa crus-galli）	莠去津	28.834 1±12.109 3
	硝磺草酮	21.745 9±15.069 4
	烟嘧磺隆	2.761 2±1.556 9
马唐 （Digitaria sanguinalis）	莠去津	36.022 4±8.491
	硝磺草酮	7.925 8±0.749 9
	烟嘧磺隆	11.894 6±1.220 7
野黍 （Eriochloa villosa）	莠去津	43.707 8±1.354 2
	硝磺草酮	22.143 6±0.129 6
	烟嘧磺隆	8.026 7±0.123 3

注：SE 为标准误。

玉米田阔叶杂草抗药性监测技术

1 试剂与材料

除非另有说明，所用试剂均为分析纯。实验室用水符合 GB/T 6682 规定的二级水要求。

1.1 丙酮（CH_3COCH_3，CAS 号：67-64-1）。

1.2 二甲基甲酰胺［$HCON(CH_3)_2$，CAS 号：68-12-2]。

1.3 二甲基亚砜（C_2H_6OS，CAS 号：67-68-5）。

1.4 吐温-80［$C_{24}H_{44}O_6(C_2H_4O)_n$，CAS 号：9005-65-6]。

1.5 除草剂原药或制剂。

1.6 0.1% 吐温-80 水溶液：取 1 g 吐温-80（1.4）加入约 950 mL 水中，用水稀释至 1 000 mL，混匀。

1.7 除草剂原药母液：取适量除草剂原药（1.5），水溶性药剂用水溶解，非水溶性药剂用丙酮（1.1）、二甲基甲酰胺（1.2）或二甲基亚砜（1.3）等溶解，混匀；吐温-80（1.4）加入约 950 mL 水中，用水稀释至 1 000 mL，混匀。

1.8 除草剂梯度稀释液：取适量除草剂原药母液（1.7），用 0.1% 吐温-80 水溶液（1.6）逐级稀释为梯度稀释液；若为制剂，可取适量除草剂制剂（1.5），用水溶解再逐级稀释为梯度稀释液。

2 仪器设备

2.1 电子天平：感量为 0.001 g、0.01 g。

2.2 移液管或移液器：量程为 100 μL、200 μL、1 000 μL、5 000 μL。

2.3 容量瓶：容量为 10 mL、25 mL、50 mL、100 mL、200 mL。

2.4 量筒、量杯等玻璃仪器。

2.5 具有扇形雾喷头及控压装置的喷雾塔或其他喷雾器械。

2.6 培养箱、人工气候箱（室）或温度可控温室。

3 试样

3.1 监测对象

鸭跖草（*Commelina communis*）、苘麻（*Abutilon theophrasti*）、反枝苋（*Amaranthus retroflexus*）、藜（*Chenopodium album*）、铁苋菜（*Acalypha australis*）、马齿苋（*Portulaca oleracea*）、葎草（*Humulus scandens*）、打碗花（*Calystegia hederacea*）、田旋花（*Convolvulus arvensis*）、裂叶牵牛（*Pharbitis nil*）、圆叶牵牛（*Pharbitis purpurea*）等。

3.2 样品采集与保存

3.2.1 在杂草抗药性监测区域设立采样点，每个采样点采集 5 块玉米田，每块玉米田用倒置"W"九点取样方法，采集成熟的阔叶杂草种子。

3.2.2 采集杂草种子，每采样点每种杂草需要采集 30 株以上，以保证每种阔叶杂草种子量不少于 2 000 粒。以采样地为单位将同一种杂草的种子混合，作为一个种群。记录采集信息（附录 A）。将采集的杂草种子晾干，置于阴凉干燥处备用。

4 试验步骤

4.1 试材准备

4.1.1 种子预发芽

取 100 粒 3.2.2 的杂草种子，进行预发芽试验，种子发芽率大于 80％时方可用于抗药性监测试验。发芽率较低时，可采用物理或化学方法处理，提高其发芽率。

4.1.2 试材培养

配制无其他除草剂和其他杂草种子的营养土，装于直径不小于 10 cm 的培养钵。将待测杂草种群的种子均匀撒播在土壤表面，每个培养钵播种 20 粒～50 粒杂草种子，依据种子粒径大小，覆土 0.1 cm～0.5 cm。采用培养钵底部渗灌方式补充水分，置于 25 ℃（12 h）和 20 ℃（12 h），光照强度不小于 30 000 lx（白天），光周期 12 h∶12 h，相对湿度 60％～70％条件下的培养箱、人工气候箱（室）或温度可控温室内培养。

与抗性监测的杂草种群同时播种经试验证实为对待测除草剂敏感的杂草种

群，在相同条件下进行培养。

4.2 药剂处理

4.2.1 单剂量甄别法

选择的除草剂梯度稀释液（1.8）中除草剂剂量为敏感种群的最低致死剂量，按药剂特性选择土壤喷雾处理或茎叶喷雾处理。如为土壤处理法，供试阔叶杂草播种后 24 h 进行土壤喷雾处理，其他参照 NY/T 1155.3；如为茎叶处理法，供试阔叶杂草长至 2 叶期，每盆保留 15 株～20 株长势一致的阔叶杂草植株，继续培养至 2 叶～4 叶期时喷药处理，其他参照 NY/T 1155.4。设不含除草剂（含有助剂）的处理作空白对照。每处理不少于 4 次重复。处理后按照 4.1.2 培养条件继续培养。

4.2.2 剂量曲线法

除草剂喷雾处理需在喷雾压力和喷雾速度稳定的喷雾设施内进行，标定喷雾塔或喷雾器械工作参数（喷雾压力和喷雾速度）；并按照试验设计从低剂量到高剂量（5 个～7 个剂量水平）的顺序，使用除草剂梯度稀释液（1.8）进行土壤喷雾处理或茎叶喷雾处理，喷液量为 300 L/hm^2～450 L/hm^2，处理和培养方法参照 4.2.1。

4.3 结果调查

4.3.1 目测法

单剂量甄别法采用目测法调查，根据除草剂处理方式和特性，在处理后 7 d～28 d 进行目测。观察除草剂处理后杂草受害的症状，以空白对照处理为参照，比较除草剂处理的杂草防效。参照 GB/T 17980.40—2000 杂草防效的目测法标准（表 1），记录除草剂对供试杂草的效果，以防效百分数（%）表示。1 级～4 级的为敏感种群；5 级～9 级的为疑似抗药性种群，进行剂量曲线试验。

表 1 杂草防效的目测法标准

等级	杂草生长情况	防效（%）
1 级	无草	100
2 级	相当于空白对照杂草的 0.1%～2.5%	97.5～99.9
3 级	相当于空白对照杂草的 2.6%～5.0%	95.0～97.4
4 级	相当于空白对照杂草的 5.1%～10.0%	90.0～94.9
5 级	相当于空白对照杂草的 10.1%～15.0%	85.0～89.9

（续）

等级	杂草生长情况	防效（%）
6 级	相当于空白对照杂草的 15.1%～25.0%	75.0～84.9
7 级	相当于空白对照杂草的 25.1%～35.0%	65.0～74.9
8 级	相当于空白对照杂草的 35.1%～67.5%	32.5～64.9
9 级	相当于空白对照杂草的 67.6%～100%	0～32.4

4.3.2 数测法

剂量曲线法采用数测法调查。土壤处理后 14 d，调查各处理杂草出苗数，处理后第 21 d～28 d，调查各处理存活杂草株数，剪取植株地上部分，称量鲜重，统计杂草株数和重量抑制率，计算毒力回归方程及 GR_{50}。

茎叶处理后第 7 d～28 d，调查各处理存活杂草株数，剪取植株地上部分，称量鲜重，统计杂草株数和重量抑制率，计算毒力回归方程及 GR_{50}。

5 数据统计与分析

5.1 防治效果的计算

目测法直接得出除草剂对杂草的防效；数测法以杂草抑制率表示，通过与空白对照比较，计算各处理对杂草重量抑制率。按公式（1）计算防治效果。

$$CE = \frac{X_0 - X_1}{X_0} \times 100 \tag{1}$$

式中：

CE——杂草重量抑制率的数值，单位为百分号（%）；

X_0——空白对照处理杂草鲜重的数值，单位为克（g）；

X_1——除草剂处理杂草鲜重的数值，单位为克（g）。

计算结果均保留 2 位小数。

5.2 剂量曲线法

采用概率值分析的方法对数据进行处理。可用 SAS、POLO-Plus、DPS 等软件进行统计分析，求出每种供试除草剂的 GR_{50} 及其 95% 置信限、斜率（b）及其标准误差等（附录 B）。

5.3 抗药性水平的计算

根据杂草对除草剂的敏感基线和测试种群的 GR_{50}，按公式（2）计算测试种群的抗性指数。

$$RI = \frac{R_{GR_{50}}}{S_{GR_{50}}} \tag{2}$$

式中：

RI ——抗性指数；

$R_{GR_{50}}$——抗性种群生长抑制中量的数值，单位为克有效成分每公顷（g a. i. /hm^2）；

$S_{GR_{50}}$——敏感种群生长抑制中量的数值，单位为克有效成分每公顷（g a. i. /hm^2）。

计算结果均保留 2 位小数。

6 抗药性水平评估

6.1 玉米田阔叶杂草对部分除草剂的敏感基线

参见附录 C。

6.2 抗药性分级标准

根据抗性指数的计算结果，按照杂草抗药性水平的分级标准（表 2），对测试种群的抗药性水平做出评估。

表 2 杂草抗药性水平的分级标准

抗药性水平分级	抗性指数（倍）
低水平抗性	$1.0 < RI \leqslant 3.0$
中等水平抗性	$3.0 < RI \leqslant 10.0$
高水平抗性	$RI > 10.0$

附录 A
杂草种子采集信息登记表

采样单位：＿＿＿＿＿＿＿＿　　　　　　采样人：

样品编号：＿＿＿＿＿＿＿＿　　　　　　采样日期：＿＿＿＿＿＿年＿＿＿月＿＿＿日

采样地详细地址	＿＿＿＿＿＿省＿＿＿＿＿县＿＿＿＿＿乡＿＿＿＿＿村 农户姓名：＿＿＿＿＿＿＿＿＿＿　　　电话：＿＿＿＿＿＿＿＿＿＿
杂草名称	
地理坐标	经度：＿＿＿＿＿＿＿＿＿＿＿，纬度：＿＿＿＿＿＿＿＿＿＿
种植模式	上茬作物名称：＿＿＿＿＿＿＿＿；种植方式：＿＿＿＿＿，轮作模式：＿＿＿＿
除草剂使用背景	除草剂使用情况： 近 5 年使用：＿＿＿＿＿＿，用量：＿＿＿＿＿＿g a.i./hm²，＿＿＿次/年； 近 10 年使用：＿＿＿＿＿＿，用量：＿＿＿＿＿＿g a.i./hm²，＿＿＿次/年
除草剂药效	目前使用除草剂的效果（打√）：好；一般；差

附录 B

抗性种群和敏感种群的 GR_{50} 计算公式

按式（B.1）计算抗性种群和敏感种群的 GR_{50}。

$$Y_1 = C - \frac{D-C}{1-(X_1/GR_{50})^b} \qquad (B.1)$$

式中：

Y_1 ——在除草剂处理下杂草地上部分鲜重与对照鲜重的百分比，单位为百分号（%）；

C ——Y 值下限，单位为百分号（%）；

D ——Y 值上限，单位为百分号（%）；

X_1 ——除草剂剂量的数值，单位为克有效成分每公顷（g a.i./hm²）；

GR_{50} ——生长抑制中量的数值，单位为克有效成分每公顷（g a.i./hm²）；

b ——斜率。

也可按式（B.2）计算抗性种群和敏感种群的 GR_{50}。

$$Y_2 = a + bX_2 \qquad (B.2)$$

式中：

Y_2 ——杂草抑制率，单位为百分号（%）；

a ——截距；

b ——斜率；

X_2 ——除草剂剂量（单位为克有效成分每公顷，g a.i./hm²）的对数。

附录 C
玉米田阔叶杂草对部分除草剂敏感基线参考值

玉米田阔叶杂草对部分除草剂敏感基线参考值见表 C.1。

表 C.1　玉米田阔叶杂草对部分除草剂敏感基线参考值

杂草种类	药剂品种	$GR_{50} \pm SE$（g a. i. /hm²）
鸭跖草 （Commelina communis）	莠去津	10.929 9±2.216 6
	2，4-滴异辛酯	3.309 5±1.104 4
	硝磺草酮	1.205 7±0.324 6
	氯氟吡氧乙酸	0.743 0±0.107 1
苘麻 （Abutilon theophrasti）	莠去津	37.117 3±0.930 0
	2，4-滴异辛酯	8.246 2±0.340 0
	硝磺草酮	2.881 6±0.167 1
	氯氟吡氧乙酸	2.165 4±0.104 6
反枝苋 （Amaranthus retroflexus）	莠去津	37.880 8±5.858 3
	2，4-滴异辛酯	4.683 8±0.222 3
	硝磺草酮	11.902 8±1.038 6
	氯氟吡氧乙酸	9.021 5±0.954 5
藜 （Chenopodium album）	莠去津	48.891 3±24.614 4
	2，4-滴异辛酯	16.769 7±11.356 0
	硝磺草酮	21.994 7±12.399 2
	氯氟吡氧乙酸	6.340 7±3.488 8
裂叶牵牛 （Pharbitis nil）	莠去津	41.314 9±13.894 8
	2，4-滴异辛酯	5.057 1±0.175 8
	硝磺草酮	4.910 3±3.588 3
	氯氟吡氧乙酸	8.798 1±1.357 5
圆叶牵牛 （Pharbitis purpurea）	莠去津	67.460 3±45.619 9
	2，4-滴异辛酯	4.368 6±0.575 1
	硝磺草酮	4.129 8±2.097 3
	氯氟吡氧乙酸	15.567 8±4.679 4

注：SE 为标准误。

第四章

综合防控技术

机插稻田主要杂草综合防控技术

1 主要防控对象

1.1 禾本科杂草

稗（*Echinochloa crus-galli*）、千金子（*Leptochloa chinensis*）等。

1.2 阔叶杂草

鸭舌草（*Monochoria vaginalis*）、雨久花（*Monochoria korsakowii*）、野慈姑（*Sagittaria trifolia*）、丁香蓼（*Ludwigia prostrata*）、水苋菜（*Ammannia baccifera*）、节节菜（*Rotala indica*）等。

1.3 莎草

异型莎草（*Cyperus difformis*）、碎米莎草（*Cyperus iria*）、萤蔺（*Scirpus juncoides*）、扁秆藨草（*Scirpus planiculmis*）等。

2 综合防控技术

2.1 植物检疫

水稻在引种时，应经过检疫人员严格检疫，防止危险性杂草种子随着引进种子传入。

2.2 农业措施

2.2.1 稻种净选

通过稻种过筛、风扬、水选等措施，汰除杂草种子，防止杂草种子远距离传播与危害。

2.2.2 耕作除草

利用农业机械进行翻耕、旋耕除草。

2.2.3 人工除草

采用人工拔除、铲除、刈割等方法直接除去杂草。

2.2.4 清洁田园

田间沟渠、地边和田埂上生长的杂草在结实前及时清除，防止杂草种子扩散入水稻田危害。

2.2.5 施用腐熟土杂粪肥

施用充分腐熟的粪肥，使其中的杂草种子经过高温氨化丧失活力。

2.2.6 水层管理

插秧时田间保持浅水层，插后水稻返青时灌水 3 cm～5 cm，保持 5 d～7 d 以促进水稻生长，抑制杂草生长，提高水稻对杂草的竞争力。

2.2.7 收割机的清洁

清除联合收割机中的杂草种子，严重发生区禁用跨区联合收割机，实施单独收割或人工收割。

2.3 生物措施

在水稻抽穗前，通过人工放鸭、稻田养鱼等综合种养措施，发挥生物取食杂草子实和幼芽的作用，减少杂草发生基数。

2.4 物理措施

水源及茬口等条件允许的地方，可在灌水口安置尼龙网或纱网（网目数为 90 目及以上）拦截杂草种子。田间灌水 10 cm～15 cm，待杂草种子聚集到田角后捞取水面漂浮的杂草种子。

2.5 化学措施

2.5.1 化学除草原则

以"早期治理，封杀结合"为原则，选用合适的在机插稻田正式登记使用的除草剂产品开展化学除草。除草剂的使用剂量按照产品标签和当地用药实际情况确定。不同年份，除草剂应轮换使用。除草剂的安全使用应符合 GB/T 8321 和 NY/T 1276—2007 的规定。

2.5.2 施药时间

在水稻插前或插后杂草出苗前进行土壤封闭处理；在杂草 3 叶～5 叶期进行茎叶喷雾处理为宜。

2.5.3 除草剂的选择

2.5.3.1 土壤封闭处理

东北稻区：插前 3 d～7 d 选用丙草胺、吡嘧磺隆、噁草酮、莎稗磷等及其复配剂；插后 10 d～12 d（返青后）选用丙草胺、吡嘧磺隆、苄嘧磺隆、苯噻酰草胺、莎稗磷、丙嗪嘧磺隆等及其复配剂。

长江流域及其他稻区：在插秧前 1 d～2 d 或插秧后 5 d～7 d（返青后）选用丙草胺、苄嘧磺隆、吡嘧磺隆、苯噻酰草胺等及其复配剂。

2.5.3.2 茎叶喷雾处理

东北稻区：插后 20 d 左右，选用五氟磺草胺、氰氟草酯、二氯喹啉酸、噁唑酰草胺、氯氟吡啶酯、2 甲 4 氯、灭草松等及其复配剂。

长江流域及其他稻区：插后 15 d～20 d，选用五氟磺草胺、氰氟草酯、二氯喹啉酸、噁唑酰草胺、氟酮磺草胺、吡嘧磺隆、2 甲 4 氯、灭草松等及其复配剂。

2.5.4 除草剂的使用

2.5.4.1 施药器械

使用清洗干净的喷雾器械或除草剂专用喷雾器械，选用扇形喷头。喷药前仔细检查药械的开关、接头、喷头等处螺丝是否拧紧，有无渗漏，以免漏药造成药害。

2.5.4.2 药液配制

药液配制时应注意二次稀释，加足水，摇匀。特别是水分散粒剂和可湿性粉剂，须充分混匀。药液量为 225 L/hm²～450 L/hm²。

2.5.4.3 田间施药

喷药时，喷雾器压力保持相对稳定。喷头离靶标距离不超过 50 cm，要求喷雾均匀、不漏喷、不重喷。

2.5.5 注意事项

2.5.5.1 环境条件

喷药时气温应在 20 ℃以上，选择无风或微风天气，观察植株上无露水，确保喷药后 24 h 内无降雨，注意风向。茎叶喷雾时应充分考虑作物安全间隔距离，避免产生飘移药害。

2.5.5.2 土壤条件

土质为沙土、沙壤土时，除草剂宜选用较低剂量。土壤封闭处理时，保持土地平整、土壤有较高湿度，选择降雨前后或浇地后施药。

2.5.5.3 药害补救

根据药害发生原因采取喷水、排灌（或浇水）、增施叶面肥、喷施生长调节剂、施用解毒剂等措施来促进作物生长，缓解药害。

2.5.5.4 安全防护

按照 GB/T 8321（所有部分）农药合理使用准则和 NY/T 1276 农药安全使用规范总则执行。

直播稻田主要杂草综合防控技术

1 主要防控对象

1.1 禾本科杂草

稗（*Echinochloa crus-galli*）、千金子（*Leptochloa chinensis*）、牛筋草（*Eleusine indica*）、马唐（*Digitaria sanguinalis*）等。

1.2 阔叶杂草

鸭舌草（*Monochoria vaginalis*）、雨久花（*Monochoria korsakowii*）、丁香蓼（*Ludwigia prostrata*）、水苋菜（*Ammannia baccifera*）、节节菜（*Rotala indica*）等。

1.3 莎草科杂草

异型莎草（*Cyperus difformis*）、碎米莎草（*Cyperus iria*）、萤蔺（*Scirpus juncoides*）、扁秆蔍草（*Scirpus planiculmis*）等。

2 综合防控技术

2.1 植物检疫

水稻在引种时，应经过检疫人员严格检疫，防止危险性杂草种子随着引进种子传入。

2.2 农业措施

2.2.1 稻种净选
通过稻种过筛、风扬、水选等措施，汰除杂草种子，防止杂草种子远距离传播与危害。

2.2.2 耕作除草
利用农业机械进行翻耕、旋耕除草。

2.2.3 人工除草
采用人工拔除、铲除、刈割等方法直接除去杂草。

2.2.4 清洁田园

田间沟渠、地边和田埂上生长的杂草在结实前及时清除，防止杂草种子扩散入水稻田危害。

2.2.5 施用腐熟土杂粪肥

施用充分腐熟的粪肥，使其中的杂草种子经过高温氨化丧失活力。

2.2.6 水层管理

插秧时田间保持浅水层，插后水稻返青时灌水 3 cm～5 cm，保持 5 d～7 d 以促进水稻生长，抑制杂草生长，提高水稻对杂草的竞争力。

2.2.7 收割机的清洁

清除联合收割机中的杂草种子，严重发生区禁用跨区联合收割机，实施单独收割或人工收割。

2.3 生物措施

在水稻抽穗前，通过人工放鸭、稻田养鱼等综合种养措施，发挥生物取食杂草子实和幼芽的作用，减少杂草发生基数。

2.4 物理措施

水源及茬口等条件允许的地方，可在灌水口安置尼龙网或纱网（网目数为 90 目及以上）拦截杂草种子。田间灌水 10 cm～15 cm，待杂草种子聚集到田角后捞取水面漂浮的杂草种子。

2.5 化学措施

2.5.1 化学除草原则

以"早期治理，封杀结合"为原则，选用合适的在直播稻田正式登记使用的除草剂产品开展化学除草。除草剂的使用剂量按照产品标签和当地用药实际情况确定。不同年份，除草剂应轮换使用。除草剂的安全使用应符合 GB/T 8321 和 NY/T 1276—2007 的规定。

2.5.2 施药时间

在水稻播后苗前或苗后早期进行土壤封闭处理；在杂草 3 叶～5 叶期进行茎叶喷雾处理为宜。

2.5.3 除草剂的选择

2.5.3.1 土壤封闭处理

播种后 2 d～5 d，水直播稻田选用丙草胺（加安全剂）、苄嘧磺隆及其复配剂；旱直播稻田选用丙草胺、二甲戊灵、噁草酮及其复配剂。

2.5.3.2 茎叶喷雾处理

水稻 3 叶～4 叶期，杂草 3 叶～5 叶期，水直播稻田选用氰氟草酯、噁唑酰草胺、五氟磺草胺、双草醚、氯氟吡啶酯、2 甲 4 氯、灭草松及其复配剂，旱直播稻田选用氰氟草酯、噁唑酰草胺、五氟磺草胺、氯氟吡啶酯及其复配剂。

2.5.3.3 苗后补施处理

旱直播稻田根据田间残留草情考虑是否进行苗后补施处理。

防禾本科、阔叶杂草和莎草科杂草混生的稻田，选用噁唑·氰氟、五氟·氰氟、氰氟·吡啶酯、五氟·吡啶酯、氯氟吡氧乙酸等，进行茎叶喷雾处理。

防阔叶杂草、莎草科杂草混生的稻田，选用嘧啶肟草醚、氰氟·吡啶酯等，进行茎叶喷雾处理。

2.5.4 除草剂的使用

2.5.4.1 施药器械

使用清洗干净的喷雾器械或除草剂专用喷雾器械，选用扇形喷头。喷药前仔细检查药械的开关、接头、喷头等处螺丝是否拧紧，有无渗漏，以免漏药造成药害。

2.5.4.2 药液配制

药液配制时应注意二次稀释，加足水，摇匀。特别是水分散粒剂和可湿性粉剂，须充分混匀。药液量为 225 L/hm²～450 L/hm²。

2.5.4.3 田间施药

喷药时，喷雾器压力保持相对稳定。喷头离靶标距离不超过 50 cm，要求喷雾均匀、不漏喷、不重喷。

2.5.5 注意事项

2.5.5.1 环境条件

喷药时气温应在 20 ℃以上，选择无风或微风天气，观察植株上无露水，确保喷药后 24 h 内无降雨，注意风向。茎叶喷雾时应充分考虑作物安全间隔距离，避免产生飘移药害。

2.5.5.2 土壤条件

土质为沙土、沙壤土时，除草剂宜选用较低剂量。土壤封闭处理时，保持土地平整，土壤有较高湿度，选择降雨前后或浇地后施药。

2.5.5.3 药害补救

根据药害发生原因采取喷水、排灌（或浇水）、增施叶面肥、喷施生长调

节剂、施用解毒剂等措施来促进作物生长，缓解药害。

2.5.5.4　安全防护

按照 GB/T 8321（所有部分）农药合理使用准则和 NY/T 1276 农药安全使用规范总则执行。

水稻田抗药性杂草"一二三"减量控害技术规程[*]

DB43/T 2029—2021

1 范围

本文件规定了水稻田抗药性杂草"一二三"减量控害技术的术语和定义、抗药性杂草监测、早期治理、多靶标除草剂、靶向差异除草剂等技术要求。本标准适用于湖南稻田抗药性杂草的化学防控。

2 规范性引用文件

下列文件中的内容通过文中的规范性引用而构成本文件必不可少的条款。其中，注日期的引用文件，仅该日期对应的版本适用于本文件；不注日期的引用文件，其最新版本（包括所有的修改单）适用于本文件。

NY/T 1997 除草剂安全使用技术规范 通则

NY/T 2885 农药登记田间药效试验质量管理规范

3 控草原则

遵循"预防为主，综合治理"植保方针，以及"公共植保，绿色植保，科学植保"理念。根据稻田抗药性杂草发生特点，坚持早期治理，充分发挥因地施药，减少化学除草剂使用量。

4 抗药性杂草监测

采用贴牌水培法、整株法快速检测稻田杂草抗药性发生水平。

---

[*] 该规程已公开发布，以发布版本为准。——编者注

5 "一二三"减量控害技术

5.1 早期治理技术

针对杂草抗药性迅速发生问题，创建了抗药性杂草"早控—促发"治理技术，在杂草萌芽期及1叶~2叶期使用多作用位点除草剂，限制杂草与作物竞争，促进作物健康生长，除草剂的使用应符合NY/T 1997的规定。

5.2 靶向差异除草剂轮换控抗技术

针对中/高抗田块，根据杂草抗药性特征，以不同靶向除草剂如ALS抑制剂、ACCase抑制剂、HPPD抑制剂等轮换使用，高效防除抗药性杂草，除草剂的使用应符合NY/T 1997的规定。

5.3 多靶标除草剂协同延抗技术

针对敏感或低抗类型田块，以"ALS-ACCase抑制剂、ALS-HPPD抑制剂、ALS-ACCase-HPPD抑制剂"等不同作用靶标的除草剂联合施用，减轻单一除草剂使用的选择压，减缓杂草抗药性，除草剂的田间药效质量规范应符合NY/T 2885的规定。

6 肥水管理和病虫害防治

根据水稻长势情况，合理使用追肥，根据病虫害发生情况进行防治。

7 生产档案

建立档案记录，档案应专人负责，并保存2年以上，记录应清晰、完整、详细，见附录A、附录B和附录C。

附录 A
（资料性）
药害等级

级别	代表符号	出现症状、形态特征
0	0	未出现异常变化、生长发育正常
1	＋	芽出现异态，叶片或局部变色，或者扭曲变态，生长发育在一定时间内受到抑制。植株易恢复正常生长发育
2	＋＋	芽和叶片产生严重形态变色，有的干枯或脱落，有的茎秆扭曲，某些器官严重损害或破坏，生长发育明显受阻，不易恢复生长发育
3	＋＋＋	植株死亡

附录 B

（资料性）

杂草防除效果调查

淹水后 15 d、30 d 共 2 次调查，采用对角线 5 点取样，每点调查 1 m²，分别计数各类杂草株数，按以下公式计算各处理的株防效（%）：

$$E＝100×(C-T)/C$$

式中：E 为株数防效；C 为对照区杂草的株数；T 为处理区杂草的株数。

淹水后 30 d，采用对角线 5 点取样，每点调查 1 m²，拔取杂草，剪去其地下部，称其鲜重。按以下公式计算各处理的鲜重防效（%）：

$$E＝100×(C-T)/C$$

式中：E 为株数防效；C 为对照区杂草的株数；T 为处理区杂草的株数。

附录 C
（资料性）
××年 杂草防除统计档案

处理	淹水后 15 d						淹水后 30 d					
	禾本科杂草	阔叶草	总草	禾本科杂草	阔叶草	总草	禾本科杂草	阔叶草	总草			
	株防效	株防效	株防效	株防效	株防效	株防效	鲜重防效	鲜重防效	鲜重防效			

冬小麦田主要杂草综合防控技术

1 主要防控对象

1.1 禾本科杂草

节节麦（*Aegilops tauschii*）、看麦娘（*Alopecurus aequalis*）、日本看麦娘（*Alopecurus japonicus*）、大穗看麦娘（*Alopecurus myosuroides*）、雀麦（*Bromus japonicus*）、多花黑麦草（*Lolium multiflorum*）、菵草（*Beckmannia syzigachne*）、硬草（*Sclerochloa dura*）、野燕麦（*Avena fatua*）等。

1.2 阔叶杂草

猪殃殃（*Galium aparine*）、播娘蒿（*Descurainia sophia*）、荠菜（*Capsella bursa-pastoris*）、鹅肠菜（*Myosoton aquaticum*）、繁缕（*Stellaria media*）、藜（*Chenopodium album*）、小藜（*Chenopodium serotinum*）、田紫草（*Lithospermum arvense*）、阿拉伯婆婆纳（*Veronica persica*）等。

2 综合防控技术

2.1 植物检疫

小麦在引种时，应经过检疫人员严格检疫，防止危险性杂草种子随着引进种子传入。

2.2 农业措施

2.2.1 麦种净选

通过麦种过筛、风扬等措施，汰除杂草种子，防止杂草种子远距离传播与危害。

2.2.2 耕作除草

利用农业机械进行翻耕、旋耕除草。

2.2.3 合理密植

适当密植，提高小麦的地面覆盖率，减轻杂草危害。小麦播种量适当增大10%～20%，因品种和地力条件而异，一般控制后期有效分蘖在45万～55万穗左右，但不宜超过 60 万穗。

2.2.4　人工除草

采用人工拔除、铲除、刈割等方法直接除去杂草。

2.2.5　清洁田园

田间沟渠、地边和田埂上生长的杂草在结实前及时清除，防止杂草种子扩散入小麦田危害。

2.2.6　施用腐熟土杂粪肥

施用充分腐熟的粪肥，使其中的杂草种子经过高温氨化丧失活力。

2.2.7　合理轮作

种植春棉花、春花生或油菜等作物与小麦轮作。种植春棉花或春花生的年份采用秋耕或 4 月杂草出齐后、结实前将其翻耕在土壤中，可有效减少杂草基数，控制杂草危害。种植油菜的年份使用油菜田除草剂，可有效灭除冬小麦田节节麦、雀麦等恶性禾本科杂草。

2.3　生态措施

利用作物秸秆，如粉碎的玉米秸秆、稻草等覆盖，有效控制杂草的萌发和生长。一般每 667 m^2 可覆盖粉碎的作物秸秆 300 kg～600 kg。

2.4　物理措施

水源及茬口等条件允许的地方，可在灌水口安置尼龙网或纱网（网目数为 90 目及以上）拦截杂草种子。

2.5　化学措施

2.5.1　化学除草原则

以"早期治理，封杀结合"为原则，选用合适的在小麦田登记使用的除草剂产品开展化学除草。除草剂的使用剂量按照产品标签和当地用药实际情况确定。不同年份，除草剂应轮换使用。除草剂的安全使用应符合 GB/T 8321 和 NY/T 1276—2007 的规定。

2.5.2　施药时间

在小麦播后杂草出苗前进行土壤封闭处理；在杂草 3 叶～5 叶期进行茎叶喷雾处理为宜。

2.5.3　除草剂的选择

2.5.3.1　土壤封闭处理

小麦播后苗前，选用吡氟酰草胺、异丙隆、砜吡草唑等及其复配剂，主要防除看麦娘、日本看麦娘、雀麦、播娘蒿、荠菜、婆婆纳等。

2.5.3.2　茎叶喷雾处理

旱旱轮作田：以雀麦等禾本科杂草为主的小麦田，选用啶磺草胺、氟唑磺隆等及其混剂；以节节麦等禾本科杂草为主的小麦田，选用甲基二磺隆；以野燕麦、多花黑麦草等禾本科杂草为主的小麦田，选用唑啉草酯、炔草酯等及其混剂；以播娘蒿、荠菜、猪殃殃等阔叶杂草为主的小麦田，选用双氟磺草胺、2甲4氯钠、氯氟吡氧乙酸、唑草酮、双唑草酮等及其混剂；以婆婆纳为主的小麦田，选用苯磺隆；以藜、小藜等春季萌发杂草为主的小麦田，选用苯磺隆、氯氟吡氧乙酸、二氯吡啶酸、三氯吡氧乙酸等及其混剂。

稻麦轮作田：以看麦娘、日本看麦娘等禾本科杂草为主的小麦田，选用炔草酯、唑啉草酯、氟唑磺隆、啶磺草胺、环吡氟草酮、精噁唑禾草灵等与异丙隆的混剂；以菵草、硬草等禾本科杂草为主的小麦田，选用甲基二磺隆等与异丙隆的混剂；以猪殃殃、鹅肠菜、荠菜等阔叶杂草为主的小麦田，选用氯氟吡氧乙酸、灭草松、苯磺隆、氟氯吡啶酯、双氟磺草胺、2甲4氯钠等及其混剂。

2.5.4　除草剂的使用

2.5.4.1　施药器械

使用清洗干净的喷雾器械，选用扇形喷头。喷药前仔细检查药械的开关、接头、喷头等处螺丝是否拧紧，有无渗漏，以免漏药造成药害。

2.5.4.2　药液配制

药液配制时应注意二次稀释，加足水，摇匀。特别是水分散粒剂和可湿性粉剂，须充分混匀。药液量为 $225 \, L/hm^2 \sim 450 \, L/hm^2$。

2.5.4.3　田间施药

喷药时，喷雾器压力保持相对稳定。喷头离杂草距离不超过 50 cm，要求喷雾均匀、不漏喷、不重喷。

2.5.5　注意事项

2.5.5.1　环境条件

喷药时应气温适宜，选择无风或微风天气，观察植株上无露水，确保茎叶喷药后24 h内无降雨，注意风向。茎叶喷雾时应充分考虑作物安全间隔距离，特别是喷施2,4-滴异辛酯、2甲4氯等苯氧乙酸类选择性内吸传导激素型除草剂及含有它们的混剂时，与阔叶作物的安全间隔距离最好在200 m以上，避免产生飘移药害。

2.5.5.2　土壤条件

土质为沙土、沙壤土时，除草剂宜选用较低剂量。土壤封闭处理时，保持土地平整、土壤有较高湿度，选择降雨前后或浇地后施药。

2.5.5.3 药害补救

根据药害发生原因采取喷水、排灌（或浇水）、增施叶面肥、喷施生长调节剂、施用解毒剂等措施来促进作物生长，缓解药害。

2.5.5.4 安全防护

按照 GB/T 8321（所有部分）农药合理使用准则和 NY/T 1276 农药安全使用规范总则执行。

玉米田主要杂草综合防控技术

1 主要防控对象

1.1 禾本科杂草

稗（*Echinochloa crus-galli*）、马唐（*Digitaria sanguinalis*）、狗尾草（*Setaria viridis*）、牛筋草（*Eleusine indica*）、野黍（*Eriochloa villosa*）等。

1.2 阔叶杂草

反枝苋（*Amaranthus retroflexus*）、藜（*Chenopodium album*）、马齿苋（*Portulaca oleracea*）、鸭跖草（*Commelina communis*）、苘麻（*Abutilon theophrasti*）、打碗花（*Calystegia hederacea*）、田旋花（*Convolvulus arvensis*）、葎草（*Humulus scandens*）、铁苋菜（*Acalypha australis*）、刺儿菜（*Cirsium setosum*）等。

2 综合治理技术

2.1 植物检疫

玉米引种时，应经过检疫人员严格检疫，防止危险性杂草种子随着引种传入。

2.2 农业措施

2.2.1 种子净选
通过玉米种子过筛、风扬等措施，汰除杂草种子，防止杂草种子远距离传播与危害。

2.2.2 耕作除草
利用农业机械进行翻耕、旋耕除草。

2.2.3 人工除草
采用人工拔除、铲除、刈割等方法直接除去杂草。

2.2.4 合理密植
选用耐密玉米品种，玉米播种密度每 667 m² 达到 4 200 株以上，抑制杂草发生和生长。

2.2.5　清洁田园

田间沟渠、地边和田埂上生长的杂草在结实前及时清除，防止杂草种子扩散入玉米田危害。

2.2.6　施用腐熟土杂粪肥

施用充分腐熟的粪肥，使其中的杂草种子经过高温氨化丧失活力。

2.2.7　合理轮作

玉米与大豆、花生等作物轮作，防控伴生性杂草。

2.3　生态措施

利用粉碎的小麦、玉米、大豆等作物秸秆覆盖，有效控制杂草的萌发和生长。一般每 667 m^2 可覆盖粉碎的秸秆 300 kg～600 kg。

2.4　物理措施

覆盖黑色或彩色地膜，控制田间杂草。

2.5　化学措施

2.5.1　化学除草原则

化学除草以"早期治理，封杀结合"为原则，选用合适的在玉米田正式登记使用的除草剂产品开展化学除草。除草剂的使用剂量按照产品标签和当地用药实际情况确定。不同年份，除草剂应轮换使用。除草剂的安全使用应符合 GB/T 8321 和 NY/T 1276—2007 的规定。

2.5.2　施药时间

在玉米播后杂草出苗前进行土壤封闭处理；在杂草 3 叶～5 叶期进行茎叶喷雾处理为宜。

2.5.3　除草剂的选择

2.5.3.1　土壤封闭处理

选用乙草胺、异丙甲草胺、异丙草胺、特丁津、扑草净、噻吩磺隆、噻酮磺隆、唑嘧磺草胺、2，4-滴异辛酯、异噁唑草酮等及其复配剂。

2.5.3.2　茎叶喷雾处理

玉米 3 叶～5 叶期，杂草 2 叶～6 叶期，选用烟嘧磺隆、硝磺草酮、苯唑草酮、苯唑氟草酮、嗪草酸甲酯、氯氟吡氧乙酸、二氯吡啶酸、莠去津、特丁津、辛酰溴苯腈等及其混剂进行茎叶均匀喷雾处理。

以马唐、狗尾草、牛筋草、野黍等禾本科杂草为主田块，选用烟嘧磺隆

（苯唑氟草酮、苯唑草酮）＋莠去津，进行茎叶均匀喷雾处理。

以稗、藜、反枝苋、苘麻等禾本科杂草和阔叶杂草为主田块，选用硝磺草酮（苯唑氟草酮）＋莠去津，进行茎叶均匀喷雾处理。

以鸭跖草、打碗花等阔叶杂草为主田块，选用氯氟吡氧乙酸、辛酰溴苯腈等及其混剂，进行茎叶均匀喷雾处理。

以马齿苋、铁苋菜等阔叶杂草为主田块，选用氯氟吡氧乙酸、莠去津等及其混剂，进行茎叶均匀喷雾处理。

以苣荬菜、刺儿菜等菊科杂草为主田块，选用二氯吡啶酸等及其混剂，进行茎叶均匀喷雾处理。

2.5.3.3 行间定向喷雾处理

玉米 8 叶期以后，可将杂草踩倒在玉米行间，选用玉米田茎叶处理除草剂定向喷雾防除行间杂草。

2.5.4 除草剂的使用

2.5.4.1 施药器械

使用清洗干净的喷雾器械，选用扇形喷头。喷药前仔细检查药械的开关、接头、喷头等处螺丝是否拧紧，有无渗漏，以免漏药造成药害。

2.5.4.2 药液配制

药液配制时应注意二次稀释，加足水，摇匀。特别是水分散粒剂和可湿性粉剂，须充分混匀。药液量为 $225 \, L/hm^2 \sim 450 \, L/hm^2$。

2.5.4.3 田间施药

喷药时，喷雾器压力保持相对稳定。喷头离靶标距离不超过 50 cm，要求喷雾均匀、不漏喷、不重喷。

2.5.5 注意事项

2.5.5.1 环境条件

喷药时气温应在 20 ℃以上，选择无风或微风天气，观察植株上无露水，确保喷药后 24 h 内无降雨，注意风向。茎叶喷雾时应充分考虑作物安全间隔距离，避免产生飘移药害。

2.5.5.2 土壤条件

玉米田土质为沙土、沙壤土时，除草剂宜选用较低剂量，土壤处理除草剂宜先进行试验再大面积使用。保持土地平整，选择雨后或浇地后、土壤墒情在 40%～60%时喷药。

2.5.5.3 对下茬作物的影响

下茬种植西瓜、花生、谷子等对莠去津敏感作物时，不能使用含有莠去津的药剂。

2.5.5.4　药害补救

根据药害发生原因采取喷水、排灌（或浇水）、增施叶面肥、喷施生长调节剂、施用解毒剂等措施来促进作物生长，缓解药害。

2.5.5.5　安全防护

按照 GB/T 8321（所有部分）农药合理使用准则和 NY/T 1276 农药安全使用规范总则执行。

大豆田主要杂草综合防控技术

1 主要防控对象

1.1 禾本科杂草

稗（*Echinochloa crus-galli*）、马唐（*Digitaria sanguinalis*）、牛筋草（*Eleusine indica*）、野黍（*Eriochloa villosa*）、狗尾草（*Setaria viridis*）等。

1.2 阔叶杂草

反枝苋（*Amaranthus retroflexus*）、鸭跖草（*Commelina communis*）、马齿苋（*Portulaca oleracea*）、藜（*Chenopodium album*）、苘麻（*Abutilon theophrasti*）、铁苋菜（*Acalypha australis*）、田旋花（*Convolvulus arvensis*）等。

2 综合治理技术

2.1 植物检疫

大豆引种时，应经过检疫人员严格检疫，防止危险性杂草种子随着引种传入。

2.2 农业措施

2.2.1 种子净选
通过大豆种子过筛、风扬等措施，汰除杂草种子，防止杂草种子远距离传播与危害。

2.2.2 耕作除草
利用农业机械进行翻耕、旋耕除草。

2.2.3 人工除草
采用人工拔除、铲除、刈割等方法直接除去杂草。

2.2.4 适当密植
适当密植可以使大豆充分利用单位面积的养分、水分和光照等有利的生长条件，增强大豆的田间竞争能力，充分发挥群体优势，减轻杂草危害。

2.2.5　清洁田园

田间沟渠、地边和田埂上生长的杂草在结实前及时清除，防止杂草种子扩散入大豆田危害。

2.2.6　施用腐熟土杂粪

施用充分腐熟的粪肥，使其中的杂草种子经过高温氨化丧失活力。

2.2.7　合理轮作

春播大豆田与玉米、小麦、水稻轮作，夏播大豆田与玉米轮作，相应更换不同类型的除草剂，可有效减少杂草基数，控制杂草危害。

2.2.8　适时早播

春大豆播种时期适当提早可以促进大豆早萌发，易于大豆苗形成群体优势，控制杂草的生长危害。

2.3　生态措施

利用作物秸秆，如粉碎的玉米秸秆、稻草等覆盖，有效控制杂草的萌发和生长。一般每 667 m² 可覆盖粉碎的作物秸秆 300 kg～600 kg。

2.4　物理措施

覆盖黑色或彩色地膜，控制田间杂草。

2.5　化学措施

2.5.1　化学除草原则

化学除草以"以封为主、封杀结合"为原则，选用合适的在大豆田正式登记使用的除草剂产品开展化学除草。除草剂的使用剂量按照产品标签和当地用药实际情况确定。不同年份，除草剂应轮换使用。除草剂的安全使用应符合 GB/T 8321 和 NY/T 1276—2007 的规定。

2.5.2　施药时期

在大豆播后杂草出苗前进行土壤封闭处理；茎叶喷雾处理在大豆 2 个～3 个三出复叶期，杂草 3 叶～5 叶期为宜。

2.5.3　除草剂的选择

2.5.3.1　土壤封闭处理

选用乙草胺（异丙草胺、异丙甲草胺、精异丙甲草胺、氟乐灵、二甲戊灵）＋噻吩磺隆（扑草净、嗪草酮、唑嘧磺草胺）的混剂，或者丙炔氟草胺、咪唑乙烟酸、异噁草松、乙氧氟草醚等进行土壤喷雾处理。

2.5.3.2 茎叶喷雾处理

（1）春播大豆田：

以稗、马唐、牛筋草、野黍等禾本科杂草为主的大豆田，选用烯禾啶、高效氟吡甲禾灵、精喹禾灵、烯草酮及其复配剂，进行茎叶均匀喷雾处理。

以狗尾草、芦苇等禾本科杂草为主的春播大豆田，选用精吡氟禾草灵，进行茎叶均匀喷雾处理。

以藜、酸模叶蓼、苘麻、铁苋菜、田旋花、荠菜、苍耳、水棘针、香薷、龙葵等阔叶类杂草为主的春播大豆田，选用三氟羧草醚、乙羧氟草醚、氟磺胺草醚、乳氟禾草灵、嗪草酸甲酯、灭草松等及其复配剂，进行茎叶均匀喷雾处理。

以苣荬菜、刺儿菜、鸭跖草、问荆等难防杂草为主的春播大豆田，选用氯酯磺草胺＋氟磺胺草醚＋异噁草松，进行茎叶均匀喷雾处理。

以禾本科杂草和阔叶杂草混生为主的春播大豆田，可用氟磺胺草醚＋精喹禾灵＋灭草松、氟磺胺草醚＋精喹禾灵＋咪唑乙烟酸、氟磺胺草醚＋精吡氟禾草灵＋异噁草松三元复配除草剂，进行茎叶喷雾处理。

（2）夏播大豆田：

以马唐、稗、狗尾草、牛筋草等禾本科杂草为主的夏播大豆田，可用精喹禾灵、精吡氟禾草灵、高效氟吡甲禾灵、烯禾啶、烯草酮及其复配剂，进行茎叶均匀喷雾处理。

以马齿苋、铁苋菜、凹头苋、反枝苋、苍耳、香薷、柳叶刺蓼、酸模叶蓼、藜、龙葵等阔叶杂草为主的夏播大豆田，可用乙羧氟草醚、灭草松、三氟羧草醚、氟磺胺草醚等及其复配剂，进行茎叶均匀喷雾处理。

以鸭跖草、刺儿菜、苣荬菜等阔叶杂草为主的夏播大豆田，可用氯酯磺草胺、异噁草松、灭草松等及其复配剂，进行茎叶均匀喷雾处理。

以禾本科杂草和阔叶杂草混生为主的夏播大豆田，可用精喹禾灵＋灭草松、高效氟吡甲禾灵＋三氟羧草醚、氟磺胺草醚＋精喹禾灵二元复配除草剂，进行茎叶均匀喷雾处理。

2.5.4 除草剂的使用

2.5.4.1 施药器械

使用清洗干净的喷雾器械，选用扇形喷头。喷药前仔细检查药械的开关、接头、喷头等处螺丝是否拧紧，有无渗漏，以免漏药造成药害。

2.5.4.2 药液配制

药液配制时应注意二次稀释，加足水，摇匀。特别是水分散粒剂和可湿性粉剂，须充分混匀。药液量为 225 L/hm^2～450 L/hm^2。

2.5.4.3 田间施药

喷药时，喷雾器压力保持相对稳定。喷头离靶标距离不超过 50 cm，要求喷雾均匀、不漏喷、不重喷。

2.5.5 注意事项

2.5.5.1 环境条件

喷药时气温应在 20 ℃以上，选择无风或微风天气，观察植株上无露水，确保喷药后 24 h 内无降雨，注意风向。茎叶喷雾时应充分考虑作物安全间隔距离，避免产生飘移药害。

2.5.5.2 土壤条件

土质为沙土、沙壤土时，除草剂宜选用较低剂量，土壤处理除草剂宜先进行试验再大面积使用。保持土地平整，选择雨后或浇地后、土壤墒情在 40%～60%时喷药。

2.5.5.3 对下茬作物的影响

当大豆与玉米、甜菜、春油菜、瓜类等作物轮作时，不应喷施长残留除草剂咪唑乙烟酸和异噁草松，以免土壤残留影响后茬敏感作物生长。

2.5.5.4 药害补救

根据药害发生原因采取喷水、排灌（或浇水）、增施叶面肥、喷施生长调节剂、施用解毒剂等措施来促进作物生长，缓解药害。

2.5.5.5 安全防护

按照 GB/T 8321（所有部分）农药合理使用准则和 NY/T 1276 农药安全使用规范总则执行。

马铃薯田主要杂草综合防控技术

1 主要防控对象

1.1 禾本科杂草

稗（*Echinochloa crus-galli*）、马唐（*Digitaria sanguinalis*）、狗尾草（*Setaria viridis*）、野燕麦（*Avena fatua*）、看麦娘（*Alopecurus aequalis*）、日本看麦娘（*Alopecurus japonicus*）、茵草（*Beckmannia syzigachne*）等。

1.2 阔叶杂草

反枝苋（*Amaranthus retroflexus*）、萹蓄（*Polygonum aviculare*）、鹅肠菜（*Myosoton aquaticum*）、猪殃殃（*Galium aparine*）等。

2 综合防控技术

2.1 植物检疫

马铃薯在引种时，应经过检疫人员严格检疫，防止危险性杂草种子随着引进种子传入。

2.2 农业措施

2.2.1 耕作除草

利用农业机械进行翻耕、旋耕除草。

2.2.2 清洁田园

沟渠、地边和田埂上生长的杂草在结实前及时清除，防止杂草种子扩散入马铃薯田危害。

2.2.3 施用腐熟土杂粪肥

施用充分腐熟的粪肥，使其中的杂草种子经过高温氨化丧失活力。

2.2.4 合理轮作

种植禾本科、豆科、十字花科等作物与马铃薯轮作，减少伴生杂草发生，控制杂草危害。

2.3　物理措施

选用无色生物降解地膜、黑白相间膜、黑色地膜，控制田间杂草。

2.4　化学措施

2.4.1　化学除草原则

以"早期治理，封杀结合"为原则，选用合适的在马铃薯田正式登记使用的除草剂产品开展化学除草。除草剂的使用剂量按照产品标签和当地用药实际情况确定。不同年份，除草剂应轮换使用。除草剂的安全使用应符合 GB/T 8321 和 NY/T 1276—2007 的规定。

2.4.2　施药时间

在马铃薯播后苗前进行土壤封闭处理；在杂草 3 叶～5 叶期进行茎叶喷雾处理为宜。

免耕马铃薯田防除已出土杂草，可在马铃薯播种前或播后苗前用草甘膦对田间杂草进行茎叶喷雾处理。

2.4.3　除草剂的选择

2.4.3.1　土壤封闭处理

在马铃薯播后苗前，选用二甲戊灵、乙草胺、精异丙甲草胺、敌草胺等及其复配剂，进行土壤封闭处理。

2.4.3.2　茎叶喷雾处理

以禾本科杂草为主的马铃薯田，选用精喹禾灵、烯草酮、高效氟吡甲禾灵等及其复配剂，进行茎叶均匀喷雾处理。

以阔叶杂草为主的马铃薯田，选用砜嘧磺隆、灭草松等及其复配剂，进行茎叶均匀喷雾处理。

2.4.4　除草剂的使用

2.4.4.1　施药器械

使用清洗干净的喷雾器械，选用扇形喷头。喷药前仔细检查药械的开关、接头、喷头等处螺丝是否拧紧，有无渗漏，以免漏药造成药害。

2.4.4.2　药液配制

药液配制时应注意二次稀释，加足水，摇匀。特别是水分散粒剂和可湿性粉剂，须充分混匀。药液量通常为 225 L/hm² ～450 L/hm²。

2.4.4.3　田间施药

喷药时，喷雾器压力保持相对稳定。喷头离靶标距离不超过 50 cm，要求喷雾均匀、不漏喷、不重喷。

2.4.5 注意事项

2.4.5.1 环境条件

喷药时气温应在 20 ℃以上，选择无风或微风天气，观察植株上无露水，确保喷药后 24 h 内无降雨，注意风向。茎叶喷雾时应充分考虑作物安全间隔距离，避免产生飘移药害。

2.4.5.2 土壤条件

土壤墒情应适宜，若土壤干旱，应造墒或适当加大用药量和用水量。沙壤土及土壤有机质含量在 0.8%～1.5%时，用药量采用低剂量；黏土及土壤有机质含量在 1.5%以上时，用药量采用高剂量。土壤封闭处理时，保持土地平整、土壤有较高湿度，选择降雨前后或浇地后施药。

2.4.5.3 药害补救

根据药害发生原因采取喷水、排灌（或浇水）、增施叶面肥、喷施生长调节剂、施用解毒剂等措施来促进作物生长，缓解药害。

2.4.5.4 安全防护

按照 GB/T 8321（所有部分）农药合理使用准则和 NY/T 1276 农药安全使用规范总则执行。

高粱田主要杂草综合防控技术

1　主要防控对象

1.1　禾本科杂草

稗（*Echinochloa crus-galli*）、马唐（*Digitaria sanguinallis*）、止血马唐（Digitaria ischaemum）、狗尾草（*Setaria viridis*）、野稷（*Panicum miliaceum*）、野黍（*Erichloa villosa*）、狗牙根（*Cynodon dactylon*）等。

1.2　阔叶杂草

反枝苋（*Amaranthus retrofexus*）、鸭跖草（*Commelina communis*）、苘麻（*Abutilon theophrasti*）、藜（*Chenopodium album*）、小藜（*Chenopodium serotinum*）、铁苋菜（*Acalypha australis*）、苍耳（*Xanthium sibiricum*）、龙葵（*Solanum nigrum*）、马齿苋（*Portulaca oleracea*）、田旋花（*Convolvulus arvensis*）、打碗花（*Calystegia hederacea*）、圆叶牵牛（*Pharbitis purpurea*）、裂叶牵牛（*Pharbitis nil*）等。

2　综合防控技术

2.1　植物检疫

高粱在引种时，应经过检疫人员严格检疫，防止危险性杂草种子随着引进种子传入。

2.2　农业措施

2.2.1　种子净选

通过高粱种子过筛、风扬等措施，汰除杂草种子，防止杂草种子远距离传播与危害。

2.2.2　耕作除草

利用农业机械进行翻耕、旋耕、耖耥除草。

2.2.3　合理密植

适当密植，提高高粱的地面覆盖率，减轻杂草危害。高粱播种量因品种和地力条件而异，发芽率在 95% 以上的种子，播量为每 667 m² 1.5 kg 左右。高粱杂交种适宜密度为每 666.7 m² 种植 8 000 株～12 000 株，常规品种适宜密度为每 667 m² 种植 5 000 株～6 000 株，高秆甜高粱和帚用高粱适宜密度为每 666.7 m² 种植 4 400 株～5 000 株。

2.2.4 人工除草

采用人工拔除、铲除、刈割等方法直接除去杂草。

2.2.5 清洁田园

田间沟渠、地边和田埂上生长的杂草在结实前及时清除，防止杂草种子扩散入高粱田危害。

2.2.6 施用腐熟土杂粪肥

施用充分腐熟的粪肥，使其中的杂草种子经过高温氨化丧失活力。

2.2.7 合理轮作

采用"高粱—谷子—大豆"或"玉米—高粱—谷子—大豆"的方式轮作，轮换使用除草剂，有效减少杂草基数。

2.3 生态措施

行间每 666.7 m² 覆盖 150 kg～200 kg 粉碎的玉米秸秆、谷子秸秆、稻草等，控制杂草的萌发和生长。

2.4 物理措施

有条件的地区，可在垄上覆盖黑色或彩色地膜控制杂草。

2.5 化学措施

2.5.1 化学除草原则

以"早期治理，封杀结合"为原则，选用合适的在高粱田登记使用的除草剂产品进行化学除草。除草剂的使用剂量按照产品标签和当地用药实际情况确定。不同年份，除草剂应轮换使用。除草剂的安全使用应符合 GB/T 8321 和 NY/T 1276—2007 的规定。

2.5.2 施药时间

在高粱播后杂草出苗前进行土壤封闭处理；在高粱 3 叶～5 叶期进行茎叶喷雾处理。

2.5.3 除草剂的选择
2.5.3.1 土壤封闭处理

高粱播后苗前，选用莠去津、异丙甲草胺及其混剂，主要防除稗、马唐、狗尾草、野稷、野黍、反枝苋、藜等。

2.5.3.2 茎叶喷雾处理

高粱 3 叶～5 叶期，以鸭跖草、苘麻、打碗花、铁苋菜等阔叶杂草为主的高粱田，选用氯氟吡氧乙酸异辛酯、2 甲 4 氯钠、喹草酮、莠去津及其混剂；香附子发生严重的高粱田，选用氯吡嘧磺隆；马唐、狗尾草、野稷、野黍等禾本科杂草发生严重的高粱田，选用二氯喹啉酸、喹草酮及其混剂；禾本科杂草和阔叶杂草均较严重的高粱田，可选用二氯·莠去津、二氯·灭松、二氯喹啉酸·特丁津。

高粱 6 叶～9 叶期，行间杂草发生严重时，可选用二氯喹·莠去津·氯吡酯、氯吡酸·二氯喹·莠去津进行定向茎叶喷雾处理。

2.5.4 除草剂的使用

2.5.4.1 施药器械

使用清洗干净的喷雾器械，选用扇形雾喷头。土壤处理采用 110°角喷头，茎叶处理采用 80°角喷头，定向茎叶喷雾须加防护罩。喷药前仔细检查药械的开关、接头、喷头等处螺丝是否拧紧，有无渗漏，以免漏药造成药害。

2.5.4.2 药液配制

药液配制时应注意二次稀释，加足水，混匀。特别是水分散粒剂和可湿性粉剂，须充分混匀。药液量为 225 L/hm^2～450 L/hm^2。

2.5.4.3 田间施药

喷药时，喷雾器压力保持相对稳定。喷头离杂草距离为 30 cm～40 cm，要求喷雾均匀、不漏喷、不重喷。

2.5.5 注意事项

2.5.5.1 环境条件

喷药时应气温适宜，选择无风或微风天气，观察植株上无露水，确保茎叶处理喷药后 24 h 内无降雨，注意风向，避免产生飘移药害。茎叶喷雾时应充分考虑作物安全间隔距离，特别是喷施氯氟吡氧乙酸异辛酯、2 甲 4 氯钠、二氯喹啉酸等激素型除草剂及含有它们的混剂时，与敏感作物的间隔距离应保持 200 m 以上。

2.5.5.2 土壤条件

土质为沙土、沙壤土时，除草剂宜选用较低剂量。土壤封闭处理时，保持土地平整、土壤有较高湿度，选择降雨前或浇地后施药。

2.5.5.3 药害补救

根据药害发生原因采取喷水、排灌（或浇水）、增施叶面肥、喷施生长调

节剂或施用解毒剂等措施来促进作物生长，缓解药害。

2.5.5.4 安全防护

按照 GB/T 8321（所有部分）农药合理使用准则和 NY/T 1276 农药安全使用规范总则执行。

谷子田主要杂草综合防控技术

1 主要防控对象

1.1 禾本科杂草

狗尾草（*Setaria viridis*）、稗（*Echinochloa crus-galli*）、马唐（*Digitaria sanguinallis*）、止血马唐（*Digitaria ischaemum*）、野稷（*Panicum miliaceum*）、野黍（*Erichloa villosa*）、狗牙根（*Cynodon dactylon*）等。

1.2 阔叶杂草

反枝苋（*Amaranthus retroflexus*）、鸭跖草（*Commelina communis*）、苘麻（*Abutilon theophrasti*）、藜（*Chenopodium album*）、小藜（*Chenopodium serotinum*）、铁苋菜（*Acalypha australis*）、苍耳（*Xanthium sibiricum*）、龙葵（*Solanum nigrum*）、田旋花（*Convolvulus arvensis*）、打碗花（*Calystegia hederacea*）等。

2 综合防控技术

2.1 植物检疫

谷子在引种时，应经过检疫人员严格检疫，防止危险性杂草种子随着引进种子传入。

2.2 农业措施

2.2.1 种子净选

通过种子过筛、风扬等措施，汰除杂草种子，防止杂草种子远距离传播与危害。

2.2.2 耕作除草

利用农业机械进行翻耕、旋耕、耙耱除草。

2.2.3 合理密植

适当密植，提高谷子的地面覆盖率，减轻杂草危害。谷子播种量因品种和地力条件而异，每 666.7 m² 播种量 300 g～500 g，每 666.7 m² 留苗 3.7 万株～

4.2万株。

2.2.4　人工除草

采用人工拔除、铲除、刈割等方法直接除去杂草。

2.2.5　清洁田园

田间沟渠、地边和田埂上生长的杂草在结实前及时清除，防止杂草种子扩散入谷子田危害。

2.2.6　施用腐熟土杂粪肥

施用充分腐熟的粪肥，使其中的杂草种子经过高温氨化丧失活力。

2.2.7　合理轮作

采用"谷子—大豆—高粱"或"谷子—高粱—玉米"的方式轮作，轮换使用除草剂，可有效减少杂草基数，控制杂草危害。

2.3　生态措施

行间每 $666.7 \, m^2$ 覆盖 $150 \, kg \sim 200 \, kg$ 粉碎的玉米秸秆、谷子秸秆、稻草等，控制杂草的萌发和生长。

2.4　物理措施

有条件的地区，可垄上覆黑色或彩色地膜控制杂草。

2.5　化学措施

2.5.1　化学除草原则

以"早期治理，封杀结合"为原则，选用合适的在谷子田登记使用的除草剂产品进行化学除草。除草剂的使用剂量按照产品标签和当地用药实际情况确定。不同年份，除草剂应轮换使用。除草剂的安全使用应符合 GB/T 8321 和 NY/T 1276—2007 的规定。

2.5.2　施药时间

在谷子播后杂草出苗前进行土壤封闭处理；在谷子 3 叶～5 叶期进行茎叶喷雾处理。

2.5.3　除草剂的选择

2.5.3.1　土壤封闭处理

谷子播后苗前，采用扑草净及其复配剂，主要防除狗尾草、稗、马唐、野稷、野黍、反枝苋、藜等。

2.5.3.2 茎叶喷雾处理

在播种抗烯禾啶谷子品种（如天粟系列谷种）的谷子田，可茎叶喷施烯禾啶，防除 2 叶～5 叶期的狗尾草、稗、马唐、野糜、野黍等禾本科杂草；以鸭跖草、苘麻、打碗花、铁苋菜等阔叶杂草为主的谷子田，选用单嘧磺隆、2 甲·氯氟吡等。

2.5.4 除草剂的使用

2.5.4.1 施药器械

使用清洗干净的喷雾器械，选用扇形雾喷头。土壤处理采用 110°角喷头，茎叶处理采用 80°角喷头，定向茎叶喷雾须加防护罩。喷药前仔细检查药械的开关、接头、喷头等处螺丝是否拧紧，有无渗漏，以免漏药造成药害。

2.5.4.2 药液配制

药液配制时应注意二次稀释，加足水，混匀。特别是水分散粒剂和可湿性粉剂，须充分混匀。药液量为 225 L/hm^2～450 L/hm^2。

2.5.4.3 田间施药

喷药时，喷雾器压力保持相对稳定。喷头离杂草距离为 30 cm～40 cm。要求喷雾均匀、不漏喷、不重喷。

2.5.5 注意事项

2.5.5.1 环境条件

喷药时应气温适宜，选择无风或微风天气，观察植株上无露水，确保茎叶处理喷药后 24 h 内无降雨，注意风向，避免产生飘移药害。茎叶喷雾时应充分考虑作物安全间隔距离，特别是喷施氯氟吡氧乙酸异辛酯、2 甲 4 氯钠等激素型除草剂时，与敏感作物的间隔距离应保持 200 m 以上。

2.5.5.2 土壤条件

土质为沙土、沙壤土时，除草剂宜选用较低剂量。土壤封闭处理时，保持土地平整、土壤有较高湿度，选择降雨前或浇地后施药。

2.5.5.3 药害补救

根据药害发生原因采取喷水、排灌（或浇水）、增施叶面肥、喷施生长调节剂或施用解毒剂等措施来促进作物生长，缓解药害。

2.5.5.4 安全防护

按照 GB/T 8321（所有部分）农药合理使用准则和 NY/T 1276 农药安全使用规范总则执行。

冬油菜田主要杂草综合防控技术

1 主要防控对象

1.1 禾本科杂草

菵草（*Beckmannia syzigachne*）、看麦娘（*Alopecurus aequalis*）、日本看麦娘（*Alopecurus japonicus*）、硬草（*Sclerochloa dura*）、棒头草（*Polypogon fugax*）、早熟禾（*Poa annua*）等。

1.2 阔叶杂草

繁缕（*Stellaria media*）、荠菜（*Capsella bursa-pastoris*）、野老鹳草（*Geranium carolinianum*）、猪殃殃（*Galium aparine*）、大巢菜（*Vicia sativa*）、阿拉伯婆婆纳（*Veronica persica*）等。

2 综合防控技术

2.1 植物检疫

油菜在引种时，应经过检疫人员严格检疫，防止危险性杂草种子随着引进种子传入。

2.2 农业措施

2.2.1 精选种子

购买油菜籽后，仔细检查种子，挑除混杂的杂草种子。

2.2.2 耕作除草

利用农业机械进行翻耕、旋耕除草。

2.2.3 人工除草

采用人工拔除、铲除、刈割等方法直接除去杂草。

2.2.4 清洁田园

田间沟渠、地边和田埂上生长的杂草在结实前及时清除，防止杂草种子扩散入油菜田危害。

2.2.5　施用腐熟土杂粪肥

施用充分腐熟的粪肥，使其中的杂草种子经过高温氨化丧失活力。

2.2.6　合理轮作

油菜与麦类、豆类、绿肥等轮作，可减少田间杂草自然发生基数。种植绿肥田块在杂草出齐后、结实前将其翻耕在土壤中，可有效减少杂草基数，控制杂草危害。

2.3　生态措施

利用作物秸秆，如粉碎的玉米秸秆、稻草等覆盖，可有效控制杂草的萌发和生长。一般每 667 m^2 可覆盖粉碎的作物秸秆 300 kg～600 kg。

2.4　物理措施

水源及茬口等条件允许的地方，可在灌水口安置尼龙网或纱网（网目数为 90 目及以上）拦截杂草种子。

2.5　化学措施

2.5.1　化学除草原则

以"早期治理，封杀结合"为原则，选用合适的在冬油菜田正式登记使用的除草剂产品开展化学除草。除草剂的使用剂量按照产品标签和当地用药实际情况确定。不同年份，除草剂应轮换使用。除草剂的安全使用应符合 GB/T 8321 和 NY/T 1276—2007 的规定。

2.5.2　施药时间

在冬油菜播后杂草出苗前进行土壤封闭处理；在杂草 3 叶～5 叶期进行茎叶喷雾处理为宜。

可在油菜播种前，防除免耕冬油菜田已出土杂草，用草甘膦等灭生性除草剂对田间杂草进行茎叶喷雾处理。

2.5.3　除草剂的选择

2.5.3.1　土壤封闭处理

冬油菜播后苗前，选用乙草胺、敌草胺、精异丙甲草胺等及其复配剂。

2.5.3.2　茎叶喷雾处理

以日本看麦娘、茵草等禾本科杂草为主的油菜田，选用高效氟吡甲禾灵、精喹禾灵等及其复配剂。

以猪殃殃、繁缕等阔叶杂草为主的油菜田，选用草除灵及其复配剂。

2.5.4 除草剂的使用

2.5.4.1 施药器械

使用清洗干净的喷雾器械，选用扇形喷头。喷药前仔细检查药械的开关、接头、喷头等处螺丝是否拧紧，有无渗漏，以免漏药造成药害。

2.5.4.2 药液配制

药液配制时应注意二次稀释，加足水，摇匀。特别是水分散粒剂和可湿性粉剂，须充分混匀。药液量为 225 L/hm² ～ 450 L/hm²。

2.5.4.3 田间施药

喷药时，喷雾器压力保持相对稳定。喷头离杂草距离不超过 50 cm，要求喷雾均匀、不漏喷、不重喷。

2.5.5 注意事项

2.5.5.1 环境条件

喷药时气温应在 20 ℃以上，选择无风或微风天气，观察植株上无露水，确保喷药后 24 h 内无降雨，注意风向。茎叶喷雾时应充分考虑作物安全间隔距离，避免产生飘移药害。

2.5.5.2 土壤条件

土质为沙土、沙壤土时，除草剂宜选用较低剂量。土壤封闭处理时，保持土地平整、土壤有较高湿度，选择降雨前后或浇地后施药。

2.5.5.3 药害补救

根据药害发生原因采取喷水、排灌（或浇水）、增施叶面肥、喷施生长调节剂、施用解毒剂等措施来促进作物生长，缓解药害。

2.5.5.4 安全防护

按照 GB/T 8321（所有部分）农药合理使用准则和 NY/T 1276 农药安全使用规范总则执行。

花生田主要杂草综合防控技术

1 主要防控对象

1.1 禾本科杂草

马唐（*Digitaria sanguinalis*）、牛筋草（*Eleusine indica*）、狗尾草（*Setaria viridis*）、稗（*Echinochloa crus-galli*）、野稷（*Panicum miliaceum*）等。

1.2 阔叶杂草

反枝苋（*Amaranthus retroflexus*）、马齿苋（*Portulaca oleracea*）、铁苋菜（*Acalypha australis*）、苘麻（*Abutilon theophrasti*）、鳢肠（*Eclipta prostrata*）、打碗花（*Calystegia hederacea*）、鸭跖草（*Commelina communis*）、藜（*Chenopodium album*）、刺儿菜（*Cirsium setosum*）等。

2 综合防控技术

2.1 植物检疫

花生在引种时，应经过检疫人员严格检疫，防止危险性杂草种子随着引进种子传入。

2.2 农业措施

2.2.1 种子净选
通过花生种过筛、风扬等措施，汰除杂草种子，防止杂草种子远距离传播与危害。

2.2.2 耕作除草
利用农业机械进行翻耕、旋耕除草。

2.2.3 人工除草
采用人工拔除、铲除、刈割等方法直接除去杂草。

2.2.4 清洁田园
田间沟渠、地边和田埂上生长的杂草在结实前及时清除，防止杂草种子扩散入花生田危害。

2.2.5 施用腐熟土杂粪肥

施用充分腐熟的粪肥，使其中的杂草种子经过高温氨化丧失活力。

2.2.6 水诱萌灭草

条件适宜区域，在上茬作物收获前或花生播前 20 d～30 d，上跑马水进行杂草诱萌。花生播种前使用灭生性除草剂，大量消耗杂草种子库。

2.2.7 合理轮作

种植小麦、玉米等作物与花生轮作。种植玉米的年份采用玉米田除草剂，可有效防除牵牛、铁苋菜、马齿苋等难防阔叶杂草。

2.3 生态措施

利用作物秸秆，如粉碎的小麦秸秆等覆盖，有效控制杂草的萌发和生长。一般每 667 m² 可覆盖粉碎的作物秸秆 300 kg～600 kg。

2.4 物理措施

覆盖黑色或彩色地膜，控制田间杂草。水源及茬口等条件允许的地方，可在灌水口安置尼龙网或纱网（网目数为 90 目及以上）拦截杂草种子。

2.5 化学措施

2.5.1 化学除草原则

以"早期治理，封杀结合"为原则，选用合适的在花生田正式登记使用的除草剂产品开展化学除草。除草剂的使用剂量按照产品标签和当地用药实际情况确定。不同年份，除草剂应轮换使用。除草剂的安全使用应符合 GB/T 8321 和 NY/T 1276—2007 的规定。

2.5.2 施药时间

在花生播后杂草出苗前进行土壤封闭处理；在杂草 3 叶～5 叶期进行茎叶喷雾处理为宜。

免耕花生田防除已出土杂草，可在花生播种前或播后 1 d～2 d 内用草甘膦等灭生性除草剂对田间杂草进行茎叶喷雾处理。

2.5.3 除草剂的选择

2.5.3.1 土壤封闭处理

花生播后苗前，选用乙草胺（异丙草胺、异丙甲草胺、精异丙甲草胺、甲草胺、氟乐灵、二甲戊灵、仲丁灵）＋噻吩磺隆（丙炔氟草胺、乙氧氟草醚、噁草酮、扑草净、异噁草松），进行土壤封闭处理。

2.5.3.2 茎叶喷雾处理

以马唐、稗、牛筋草、狗尾草、野稷等禾本科杂草为主的花生田，选用精喹禾灵、高效氟吡甲禾灵、烯禾啶、精吡氟禾草灵、精噁唑禾草灵等及其混剂，进行茎叶均匀喷雾处理。

以马齿苋、铁苋菜、打碗花、刺儿菜等阔叶杂草为主的花生田，选用氟磺胺草醚、乳氟禾草灵、乙羧氟草醚、灭草松、乙氧氟草醚等及其混剂，进行茎叶均匀喷雾处理。需要注意的是，氟磺胺草醚对马齿苋、刺儿菜防效略差，灭草松对铁苋菜防效略差，乙羧氟草醚对铁苋菜、刺儿菜防效略差。

禾本科和阔叶杂草混合发生时，选用上述药剂的复配制剂或混剂，进行茎叶均匀喷雾处理。

2.5.4 除草剂的使用

2.5.4.1 施药器械

使用清洗干净的喷雾器械，选用扇形喷头。喷药前仔细检查药械的开关、接头、喷头等处螺丝是否拧紧，有无渗漏，以免漏药造成药害。

2.5.4.2 药液配制

药液配制时应注意二次稀释，加足水，摇匀。特别是水分散粒剂和可湿性粉剂，须充分混匀。药液量通常为 225 L/hm² ～ 450 L/hm²。

2.5.4.3 田间施药

喷药时，喷雾器压力保持相对稳定。喷头离靶标距离不超过 50 cm，要求喷雾均匀、不漏喷、不重喷。

2.5.5 注意事项

2.5.5.1 环境条件

喷药时应气温适宜，选择无风或微风天气，观察植株上无露水，确保茎叶处理喷药后 24 h 内无降雨，注意风向。茎叶喷雾时应充分考虑作物安全间隔距离，特别是喷施异噁草松及其混剂时，与阔叶作物的安全间隔距离最好在 200 m 以上，避免产生飘移药害。

2.5.5.2 土壤条件

土质为沙土、沙壤土时，除草剂宜选用较低剂量。土壤封闭处理时，保持土地平整、土壤有较高湿度，选择降雨前后或浇地后施药。

2.5.5.3 药害补救

根据药害发生原因采取喷水、排灌（或浇水）、增施叶面肥、喷施生长调

节剂、施用解毒剂等措施来促进作物生长，缓解药害。

2.5.5.4　安全防护

按照 GB/T 8321（所有部分）农药合理使用准则和 NY/T 1276 农药安全使用规范总则执行。

棉花田主要杂草综合防控技术

1　主要防控对象

1.1　禾本科杂草

马唐（*Digitaria sanguinalis*）、牛筋草（*Eleusine indica*）、狗尾草（*Setaria viridis*）、旱稗（*Echinochloa hispidula*）、双穗雀稗（*Paspalum paspaloides*）等。

1.2　阔叶杂草

反枝苋（*Amaranthus retroflexus*）、铁苋菜（*Acalypha australis*）、马齿苋（*Portulaca oleracea*）、龙葵（*Solanum nigrum*）、苘麻（*Abutilon theophrasti*）、刺儿菜（*Cirsium setosum*）、田旋花（*Convolvulus arvensis*）等。

2　综合治理技术

2.1　植物检疫

棉花引种时，应经过检疫人员严格检疫，防止危险性杂草种子随着引种传入。

2.2　农业措施

2.2.1　棉种净选
种子加工包装过程中，精选良种，过筛剔除混杂的杂草种子。

2.2.2　耕作除草
利用农业机械进行翻耕、旋耕除草。

2.2.3　人工除草
采用人工拔除、铲除、刈割等方法直接除去杂草。

2.2.4　清洁田园
田间沟渠、地边和田埂上生长的杂草在结实前及时清除，防止杂草种子扩散入棉花田危害。

2.2.5　施用腐熟土杂粪肥

施用充分腐熟的粪肥，使其中的杂草种子经过高温氨化丧失活力。

2.2.6　合理轮作

棉花与玉米、小麦等作物轮作，防控伴生性杂草。

2.3　生态措施

利用粉碎的小麦等作物秸秆覆盖，有效控制杂草的萌发和生长。一般棉行两侧覆盖宽 30 cm～50 cm、厚 5 cm～10 cm 的麦秆。

2.4　物理措施

覆盖黑色或彩色地膜，控制田间杂草。水源及茬口等条件允许的地方，可在灌水口安置尼龙网或纱网（网目数为 90 目及以上）拦截杂草种子。

2.5　化学措施

2.5.1　化学除草原则

以"早期治理，封杀结合"为原则，选用合适的在棉花田正式登记使用的除草剂产品开展化学除草。除草剂的使用剂量按照产品标签和当地用药实际情况确定。不同年份，除草剂应轮换使用。除草剂的安全使用应符合 GB/T 8321 和 NY/T 1276—2007 的规定。

2.5.2　施药时间

在棉花播后杂草出苗前进行土壤封闭处理；在杂草 3 叶～5 叶期进行茎叶喷雾处理为宜。

免耕棉花田防除已出土杂草，可在棉花播种前或播后 1 d～2 d 内用草甘膦等灭生性除草剂对田间杂草进行茎叶喷雾处理。

2.5.3　除草剂的选择

2.5.3.1　土壤封闭处理

在棉花播种前或播种后覆膜前，选用二甲戊灵、氟乐灵、扑草净、乙氧氟草醚、乙草胺、精异丙甲草胺、噁草酮、敌草隆、仲丁灵等及其复配剂。氟乐灵封闭用药应及时混土 2 cm～3 cm，避免光照挥发及分解。

2.5.3.2　茎叶喷雾处理

地膜覆盖棉田：以禾本科杂草为主的棉花田，选用精噁唑禾草灵、精吡氟禾草灵、精喹禾灵、高效氟吡甲禾灵等及其复配剂，进行茎叶均匀喷雾处理；以阔叶杂草为主的棉花田，选用乙羧氟草醚及其复配制剂，进行定向茎叶喷雾处理。

露地直播棉田：以禾本科杂草为主的棉花田，选用精噁唑禾草灵、精吡氟禾草灵、精喹禾灵、高效氟吡甲禾灵、烯禾啶等及其复配制剂，进行茎叶均匀喷雾处理；以阔叶杂草为主的棉花田，选用乙羧氟草醚及其复配制剂，进行定向茎叶喷雾处理。在棉花现蕾至开花期，可补喷草甘膦进行行间定向喷雾防除。

2.5.4 除草剂的使用

2.5.4.1 施药器械

使用清洗干净的喷雾器械，选用扇形喷头。喷药前仔细检查药械的开关、接头、喷头等处螺丝是否拧紧，有无渗漏，以免漏药造成药害。

2.5.4.2 药液配制

药液配制时应注意二次稀释，加足水，摇匀。特别是水分散粒剂和可湿性粉剂，须充分混匀。药液量通常为 $225\,\text{L/hm}^2 \sim 450\,\text{L/hm}^2$。

2.5.4.3 田间施药

喷药时，喷雾器压力保持相对稳定。喷头离靶标距离不超过 $50\,\text{cm}$，要求喷雾均匀、不漏喷、不重喷。

2.5.5 注意事项

2.5.5.1 环境条件

喷药时气温应在 $20\,℃$ 以上，选择无风或微风天气，观察植株上无露水，确保喷药后 $24\,\text{h}$ 内无降雨，注意风向。茎叶喷雾时应充分考虑作物安全间隔距离，避免产生飘移药害。

2.5.5.2 土壤条件

土质为沙土、沙壤土时，除草剂宜选用较低剂量。土壤封闭处理时，保持土地平整、土壤有较高湿度，选择降雨前后或浇地后施药。

2.5.5.3 药害补救

根据药害发生原因采取喷水、排灌（或浇水）、增施叶面肥、喷施生长调节剂、施用解毒剂等措施来促进作物生长，缓解药害。

2.5.5.4 安全防护

按照 GB/T 8321（所有部分）农药合理使用准则和 NY/T 1276 农药安全使用规范总则执行。

苹果园主要杂草综合防控技术

1 主要防控对象

1.1 禾本科杂草

一年生：马唐（*Digitaria sanguinalis*）、牛筋草（*Eleusine indica*）、狗尾草（*Setaria viridis*）、稗（*Echinochloa crus-galli*）、纤毛鹅观草（*Roegneria ciliaris*）等；

多年生：芦苇（*Phragmites australis*）、白茅（*Imperata cylindrica*）等。

1.2 阔叶杂草

一年生：马齿苋（*Portulaca oleracea*）、反枝苋（*Amaranthus retroflexus*）、铁苋菜（*Acalypha australis*）、苘麻（*Abutilon theophrasti*）、葎草（*Humulus scandens*）、鹅肠菜（*Myosoton aquaticum*）、鳢肠（*Eclipta prostrata*）、藜（*Chenopodium album*）、小藜（*Chenopodium serotinum*）、荠菜（*Capsella bursa-pastoris*）、播娘蒿（*Descurainia sophia*）、独行菜（*Lepidium apetalum*）、泥胡菜（*Hemistepta lyrata*）、夏至草（*Lagopsis supina*）、朝天委陵菜（*Potentilla supina*）、小蓬草（*Conyza canadensis*）、苍耳（*Xanthium sibiricum*）、地肤（*Kochia scoparia*）、鸭跖草（*Commelina communis*）等；

多年生：蒲公英（*Taraxacum mongolicum*）、中华山苦荬（*Ixeridium chinense*）、苣荬菜（*Sonchus arvensis*）、刺儿菜（*Cirsium setosum*）、打碗花（*Calystegia hederacea*）、田旋花（*Convolvulus arvensis*）、平车前（*Plantago depressa*）等。

1.3 莎草科杂草

一年生：黄颖莎草（*Cyperus microiria*）等；
多年生：香附子（*Cyperus rotundus*）等。

2 综合防控技术

2.1 植物检疫

果园在引进苗木或覆盖植物时，应经过检疫人员严格检疫，防止危险性杂草种子传入。

2.2 农业措施

2.2.1 耕作除草

利用农业机械进行深翻耕、旋耕除草。果树行间翻耕 20 cm～30 cm，将地表杂草及种子翻到深土层，与湿土相融沤制腐烂。种植覆盖植物的苹果园一般 3 年～4 年翻耕一次，翻耕时施入磷钾肥，翻耕后进行灌水；翌年春秋季节，整耢地面后，重新播种覆盖植物。

2.2.2 人工除草

采用人工拔除、铲除、刈割等方法直接除去杂草。

2.2.3 清洁田园

定期防除苹果园周围沟渠、地面和路边上生长的杂草，防止苹果园四周杂草种子传入。

2.2.4 施用腐熟土杂肥或厩肥

施用充分腐熟的土杂肥或厩肥，使其中的杂草种子经过高温氨化丧失活力。

2.3 生态措施

2.3.1 种植覆盖植物

幼龄果园行间可套种大豆、花生等作物，也可种植多年生绿肥植物控草。成龄果园可种植耐阴的覆盖植物控草，又称果园生草。覆盖植物不应是苹果病虫害的寄主，一般选用豆科植物，如长柔毛野豌豆、草木樨、绣球小冠花、紫云英、苜蓿等，以及常见的黑麦草等牧草进行种植。按照各种植物的栽培要求播种、施肥及管理。一般幼龄苹果园只能在树行间种草，其草带应距树盘外缘 40 cm 左右；成龄果园，可在行间和株间种草，但在树盘下不宜种草。

2.3.2 覆盖秸秆

利用作物秸秆覆盖控草。当苜蓿等可刈割的覆盖植物生长高度超过 30 cm时，应及时刈割并将刈割下的植株秸秆覆盖于树盘，控制树盘下的杂草生长。

2.4 物理措施

覆盖黑色或彩色地膜、除草膜、地布控制杂草。

2.5 生物措施

在苹果园树下养殖鸡、鸭、鹅等，取食控草。

2.6 化学措施

2.6.1 化学除草原则

以"治小治早"为原则，选用合适的在苹果园田正式登记使用的除草剂产品开展化学除草。除草剂的使用剂量按照产品标签和当地用药实际情况确定。不同年份，除草剂应轮换使用。除草剂的安全使用应符合 GB/T 8321 和 NY/T 1276—2007 的规定。

2.6.2 施药时间

苹果园通常在杂草生长旺盛期进行化学除草，杂草种子成熟前是关键防除时期，越年生杂草和春季一年生杂草关键防除时期是 4 月，夏季一年生杂草关键防除时期是 8 月；其他防除时间根据苹果园杂草生长情况确定；冬季低温下不宜施药。

2.6.3 除草剂的选择

应根据田间杂草发生种类，选择适宜杀草谱除草剂喷施，做到精准防控。苹果园以马齿苋、打碗花、葎草等阔叶杂草为主时，可以选用乙氧氟草醚、苯嘧磺草胺；苹果园阔叶杂草、禾本科杂草、莎草科杂草混合发生时，可以选用草甘膦（异丙胺盐、铵盐或钾盐）、敌草快、草铵膦、乙氧·莠灭净、2 甲·草甘膦等灭生性除草剂，其中敌草快仅能有效防除一年生杂草，苹果园多年生杂草较多时，应选用其他药剂。12 年以上深根苹果园还可使用莠去津，该药在杂草幼苗期茎叶处理时对阔叶杂草防除效果好，兼有土壤封闭作用。

苹果树行间套种绿植等覆盖植物时，应慎用除草剂。

2.6.4 除草剂的使用

2.6.4.1 施药器械

使用清洗干净的喷雾器械，选用扇形喷头。喷药前仔细检查药械的开关、接头、喷头等处螺丝是否拧紧，有无渗漏，以免漏药造成药害。

2.6.4.2 药液配制

药液配制时应注意二次稀释，加足水，摇匀。特别是水分散粒和可湿性粉剂，须充分混匀。药液量为 225 L/hm^2～450 L/hm^2。

2.6.4.3 田间施药

喷药时，喷雾器压力保持相对稳定。喷头离杂草距离不超过 50 cm，要求喷雾均匀、不漏喷、不重喷。

2.6.5 注意事项

2.6.5.1 环境条件

喷药时应气温适宜，选择无风或微风天气，观察植株上无露水，确保喷药后 24 h 内无降雨；苹果园土质为沙土、沙壤土时，尤其要避免药后短期内遇雨造成除草剂淋溶到果树根部，导致苹果树药害；喷施含有 2 甲 4 氯的除草剂时，还应注意避免该药对苹果树本身的飘移药害。

2.6.5.2 土壤条件

土质为沙土、沙壤土时，除草剂宜选用较低剂量。

2.6.5.3 药害补救

根据药害发生原因采取喷水、排灌（或浇水）、增施叶面肥、喷施生长调节剂、施用解毒剂等措施来促进苹果树生长，缓解药害。

2.6.5.4 安全防护

按照 GB/T 8321（所有部分）农药合理使用准则和 NY/T 1276 农药安全使用规范总则执行。

图书在版编目 (CIP) 数据

农田杂草抗药性监测与防控技术 / 柏连阳，张帅，
刘都才主编 . —北京：中国农业出版社，2023.9（2023.10 重印）
ISBN 978 - 7 - 109 - 30695 - 0

Ⅰ.①农… Ⅱ.①柏… ②张… ③刘… Ⅲ.①农田－
杂草－抗药性－研究 Ⅳ.①S451

中国国家版本馆 CIP 数据核字（2023）第 085444 号

中国农业出版社出版

地址：北京市朝阳区麦子店街 18 号楼
邮编：100125
责任编辑：杨彦君　阎莎莎
版式设计：王　晨　责任校对：吴丽婷
印刷：北京中兴印刷有限公司
版次：2023 年 9 月第 1 版
印次：2023 年 10 月北京第 2 次印刷
发行：新华书店北京发行所
开本：720mm×960mm　1/16
印张：8.5
字数：152 千字
定价：42.00 元

版权所有·侵权必究

凡购买本社图书，如有印装质量问题，我社负责调换。

服务电话：010 - 59195115　010 - 59194918